基于工业大数据分析的
故障诊断方法及应用

周福娜　文成林　胡　雄　王天真　著

科学出版社
北京

内 容 简 介

本书是作者开展基于工业大数据分析的故障诊断算法设计及其应用研究成果的总结。全书主要内容包括基于统计特征提取的故障检测方法设计、知识导引的统计特征抽取和故障诊断方法设计、基于深度学习的频率类故障诊断、基于多源异构数据融合的深度学习故障诊断算法设计、基于分级深层神经网络的多模态故障诊断算法设计、基于全局优化 GAN 的非均衡数据故障诊断方法设计等。

本书可供控制科学与工程领域从事设备智能运维与健康管理的研究人员及相关专业教师和研究生参考学习。

图书在版编目（CIP）数据

基于工业大数据分析的故障诊断方法及应用／周福娜等著. —北京：科学出版社，2023.1
　　ISBN 978-7-03-074740-2

Ⅰ.①基… Ⅱ.①周… Ⅲ.①工业-生产过程-故障诊断-方法研究 Ⅳ.①TB114.2

中国国家版本馆 CIP 数据核字（2023）第 020631 号

责任编辑：魏英杰 / 责任校对：崔向琳
责任印制：吴兆东 / 封面设计：陈　敬

科学出版社 出版
北京东黄城根北街 16 号
邮政编码：100717
http://www.sciencep.com
北京天宇星印刷厂印刷
科学出版社发行　各地新华书店经销
*
2023 年 1 月第 一 版　开本：720×1000　B5
2024 年 1 月第二次印刷　印张：15
字数：299 000

定价：120.00 元
（如有印装质量问题，我社负责调换）

前　言

工程领域中的大型系统无处不在。由于大型系统各部件是密切相关的,某些部件故障可能导致整个系统故障,甚至重大事故。这些系统的精确诊断和控制是一个具有挑战性的问题。国家"十三五"科学和技术发展规划将重大工程健康状态的检测、监测,以及诊断列为需求导向的重大科学问题。《高端装备制造业"十三五"发展规划》把故障诊断与预测维护技术列为需要重点发展的关键智能基础共性技术。《中国制造 2025》提出"加快开展物联网技术研发和应用示范,培育智能监测、远程诊断管理、全产业链追溯等工业互联网新应用,建设一批高质量的工业大数据平台"。把工业大数据用于智能检测、智能诊断是故障诊断与预测维护的全新研究方向之一。

本书主要针对系统运行过程中采集到的观测数据中潜在的不同结构特征,采用不同的特征抽取技术,利用数据驱动故障诊断方法,开展系统故障诊断研究,重点介绍基于统计特征提取的故障检测方法、知识导引的统计特征抽取和故障诊断方法、基于深度学习的频率类故障诊断、基于多源异构数据融合的深度学习故障诊断、基于分级深层神经网络的多模态故障诊断、基于全局优化 GAN 的非均衡数据故障诊断方法,同时开展相关方法在 TE 过程、船舶主机、轴承、齿轮箱等港口设备关键部件的故障诊断应用研究。

本书相关成果的研究得到文成林教授的全面指导,没有文老师的指导就没有我的科研生涯。在这里对文老师致以最衷心的感谢!研究生高育林、胡坡、何一帆、杨帅、张志强等参与了部分章节的文字录入和仿真作图工作,对他们的工作一并表示感谢,感谢他们对数据驱动小组研究工作的支持!感谢我的家人,在我遇到困难时给予的理解和支持!

本书的研究工作得到国家自然科学基金项目(60804026、61174112、U1604158、62073213)的资助,在此表示衷心的感谢。

限于作者水平,书中不妥之处在所难免,恳请读者指正。

作　者
2021 年 11 月

目　　录

第1章 绪 论

1.1 引 言

随着现代工业技术的迅速发展，大型自动化系统的结构越来越复杂，自动化程度越来越高，不但同一设备不同部分之间存在紧密耦合，而且不同设备之间也存在密切的联系，在运行过程中形成一个相互影响的统一整体。通常在一处发生的故障可能引起一系列连锁反应，若不能将其及时诊断并排除，就会导致设备，甚至整个系统不能有效正常运行，造成灾难性事故[1-8]。

采用异常检测和故障诊断技术的经济效益是非常明显的，英国对 2000 个国营工厂的调查表明，采用故障诊断技术后每年可节省维修费用 3 亿英镑，用于诊断的费用仅为 0.5 亿英镑[7]。美国 Pekrul 发电厂实施故障诊断技术后的经济效益情况分析表明，故障诊断系统的收益达到投入的 36 倍[9,10]。我国每年用于设备维修的费用仅冶金行业就达 250 亿元。如果推广异常检测和故障诊断技术，每年可减少事故 50%～70%，节约维修费用 10%～30%，效益相当可观[11-13]。

故障诊断技术的使用还可以用来指导设备的状态检修制度。目前大型自动化系统多采用设备定期检修制度，存在"维修过剩、维修不足"、"小病大治、无病亦治"现象。盲目维修带来的不仅是低效与无效，还有可能是负效。在频繁的超量维修中，尤其是进口设备维修损坏的现象时常发生[11,12]。

开展大型自动化系统的故障诊断研究，给出合理的视情检修制度，以便发生故障的情况下能迅速判断、处理事故，并给出灵活好用的智能化自动分析软件，对辅助控制中心的工作人员做出正确决策，制定合理的预测维护方案具有重要的实践指导意义。但是，故障诊断研究的理论体系还不完善，因此故障诊断的研究必须紧密结合工程实际，为故障诊断在实际中的应用打下扎实的理论基础。

另外，故障诊断是事后维修的决策依据，无法很好地做早期预测维护。随着工业互联的不断推进，工业自动化系统的规模更加庞大，结构更加复杂，即使是早期微小故障也可能在发展演化后造成巨大的财产损失和人员伤亡[14-17]。开展预知性维护研究，用视情维修代替计划维修是保证系统安全高效经济运行的必备手段之一。这一技术的核心是微小故障早期诊断与寿命预测[18-21]。

国家"十二五"科学和技术发展规划将重大工程健康状态的检测，以及诊断列为需求导向的重大科学问题。《高端装备制造业"十二五"发展规划》也把故障诊断与预测维护技术列为重点发展的关键智能基础共性技术。《中国制造 2025》提出"加快开展物联网技术研发和应用示范，培育智能检测、远程诊断管理、全产业链追溯等工业互联网新应用，建设一批高质量的工业大数据平台。"把工业大数据用于智能检测、远程诊断是故障预测维护的全新研究方向之一。

工业互联是智能制造的前提，工业大数据是工业互联的产物。山西钢铁集团的热轧钢板生产线安装有 300 多个测点，每分钟采集约 3GB 的监测数据。三一重工远程监测系统对上百种 10 万多台工程装备进行在线监测，每台工程装备铺设 246 个测量点，目前该系统累积数据量超过 1000 亿条，每天以 1000 万条的速度增长。北京化工大学高金吉团队开发的远程监测系统有 29 家企业使用，监测机组总数达 1149 台，总监测点数多达 18552 个，单位时间数据量达到 1.52 TB。这些数据可以记录不同设备在不同工况下的海量监测数据[22]。"大数据时代信息资源深藏闺中是极大浪费"，充分挖掘数据中包含的信息，建立基于深度特征抽取技术的智能故障诊断方法是保证生产过程安全高效运行的必要手段，是真正实现视情维护，进行智能决策的前提。

近年来，数据驱动的故障诊断和预测维护技术因其不需要复杂工业过程的机理模型而受到学者和工程师的关注。浅层特征抽取建立的机器学习模型或多变量统计模型不能对非显著故障特征做精确表示。这就无法彻底达到"让数据自己说话，让系统自动从数据中学习并发现或者领悟具体特征"的目的，从而影响数据驱动的微小故障诊断的精确性。深度学习技术通过逐层初始化能有效克服深层神经网络(deep neural network，DNN)训练的难题，具有优异的特征表示能力。在函数逼近理论中，观测数据空间的基(对应空间坐标系的坐标轴)能够唯一地表示刻画观测数据特征的函数，但这种表示结果并非对具备明确物理意义的故障特征的精确表示。这也是神经网络无法很好表示微小故障特征的原因。标架(frame)是观测数据空间中与基对应的一组集合，包含冗余信息。标架中的元素可以代表观测空间中坐标轴之外的其他信息，而这些信息的组合可能是我们想要抽取的故障特征。深度学习(deep learning，DL)的每一层把观测数据表示成标架中元素的组合，所以有望对微小故障特征做精确表示。深度学习鼻祖 Hinton 课题组的研究表明，网络层数越多，深度学习框架对特征的逼近精度越好。本书把深度学习抽取出的特征定义为深层特征，研究基于深层特征抽取的微小故障诊断方法。基于深度学习的故障诊断研究目前大多仅限于基于单个传感器观测数据的离线故障分类。为实现视情维护，基于多形态感知信息的在线微小故障诊断的关键问题亟须解决。

深度学习是一种大数据深度特征抽取技术。深度学习模型采用故障数据量的多少、深层网络抽取微小故障特征的方式，决定了逐层学习后再做全局参数调整的深度学习模型进行故障诊断的精度。虽然深度学习有强大的特征表示能力，但是推理决策能力不足、实时性差等问题导致现有基于深度学习的方法无法精确地进行微小故障的实时诊断。

1.2　故障诊断的研究内容及方法分类

1.2.1　故障诊断的研究内容

从系统的观点来看，故障包括两层含义：一是系统偏离正常的功能，其形成原因主要是系统不正常的工作条件引起的，若能及时对参数进行调节或修复相应零部件，则系统可恢复正常功能；二是系统功能的失效，是指系统连续偏离正常的功能，且其程度不断加剧，使设备的基本功能不能得到保证[1,2,23,24]。

故障诊断是采用各种测量和监视方法，记录和显示设备运行状态，对异常状态做出报警，对已经发生或者可能发生的故障进行诊断和分析预报，确定故障发生的原因，从而提出维修对策，使设备恢复到正常状态[23,24]。

从信息提取的角度看，故障诊断的过程就是在不同层次上做不同程度的特征提取，实现从观测空间到特征空间、决策空间和分类空间的变换。这个过程称为故障诊断的空间变换，如图 1-1 所示[7]。

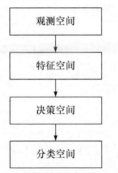

图 1-1　故障诊断的空间变换

故障诊断技术的研究受到工程界和学术领域众多专家的广泛关注。实用高效的故障诊断方法要求既能进行实时故障检测，又能完成故障模式的辨识，找出发生故障的元部件，从而为系统维护和检修人员提供必要的指导[24]。

1.2.2　故障诊断方法分类

诊断方法的研究是故障诊断技术的核心。关于故障诊断方法研究的文献也层出不穷，从基于解析模型的方法到基于人工智能的方法、基于统计的方法等[7,24]。现有的故障诊断方法大体上可以分为 3 类，即基于定量模型的方法、基于定性模型的方法和基于数据驱动的方法。基于定量模型的方法包括观测器设计法、等价空间法和扩展卡尔曼滤波(extended Kalman filter，EKF)法等。基于定性模型的方法包括有向图法、故障树法、定性机理分析法、抽象结构分层模型法、抽象功能分层模型法等。基于数据驱动的方法可分为定性的方法和定量的方法。定性的方法有专家系统法和定性趋势分析法。定量的方法有基于机器学习的方法、基于统计的 PCA/PLS(partial least squares，部分最小二乘)方法和基于信号处理的方法等[25-35]。图 1-2 所示为故障诊断方法分类[7,8,24]。

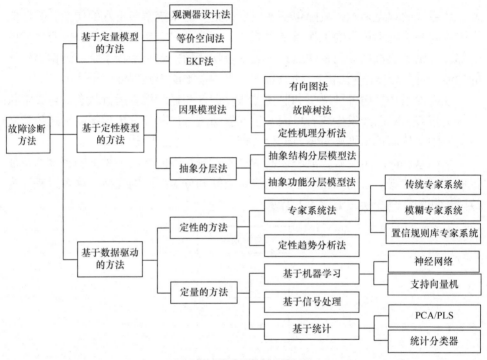

图 1-2 故障诊断方法分类

基于 EKF 的故障诊断方法是一种基于状态估计的方法。利用系统精确的数学模型和可观测输入/输出构造能反映系统中潜在故障的残差信号，该诊断方法基于对残差信号的分析进行故障诊断[36,37]。

基于观测器的故障诊断方法设计一组对所有扰动和特定故障解耦、对其他故障敏感的观测器，然后通过恰当的分组设计和逻辑判断进行故障检测和分类[38-41]。

基于等价空间的故障诊断方法利用系统的解析数学模型建立系统输入/输出变量之间的等价关系。这种关系可以反映输出变量之间静态直接冗余和输入/输出变量之间动态的解析冗余。然后，通过检验实际系统的输入/输出值是否满足该等价关系，达到检测和分离故障的目的[42-44]。

基于模型的故障诊断利用系统内部的精确机理模型，具有很好的诊断效果。

但是，这类方法依赖被诊断对象的精确机理模型，需要关于系统运行状况信息的一些先验知识。这些信息在有些情况下是无法得到的，或者很难建立更通用的精确模型。诊断性能的好坏在很大程度上依赖机理模型的准确程度。另外，许多实际运行的大型复杂系统可采集到丰富的在线和离线测量数据，但是这些信息并没有被有效地利用。如何更好地控制此类系统，并对控制效果进行评价既是国民经济发展的需求，也是智能运维领域亟待解决的挑战性问题。数据驱动故障诊断方法的研究应运而生。

1.3 数据驱动的故障诊断方法综述

随着分布式控制系统(distributed control system，DCS)、各种智能化仪表、现场总线技术在工业控制中的广泛应用，大量的系统状态数据被采集并存储下来。但是，这些包含系统运行状态信息的数据并没有被有效地利用，以致出现"数据丰富，信息匮乏"的现象。例如，对于一个设施良好的化工厂，测量变量可能有成百上千个，包括各种二进制设备信号、警告信息、流量、压力、温度等模拟信号，而操作工在同一时间只能处理几个变量(一般是 7 个)[8,45]。

20 世纪 90 年代以来，随着计算机技术和数据库技术的发展，廉价的计算资源和可靠的存储技术为海量数据的分析提供了物质基础。工业界已越来越意识到将现有的数据变为有用的信息，使之服务于系统健康管理，增加系统的可靠性，并降低维护成本的重要性。据统计，仅美国石化行业每年因异常事故造成的损失就高达 2 亿美元[7,46]。

数据驱动的系统故障诊断研究已成为当前自动控制领域的一个研究热点。美国等发达国家近年来已投入大量的人力和物力，加强对该领域的资助，以期望通过对观测数据的分析来揭示、反映系统的内在变化，提高诊断能力，从而把数据资源的拥有优势转化为经济效益。我国也逐渐意识到其重要性。2006 年，《国家中长期科学和技术发展规划纲要(2006—2020 年)》陈述的重点领域和优先研究课题都涉及如何利用多变量数据的综合处理结果对大型自动化系统的运行状况进行决策。相关部门相继把数据驱动的异常诊断研究作为重点或优先资助方向。

数据驱动的方法以采集到的过程数据为基础，通过各种数据处理与分析方法(如多元统计分析、频谱分析、小波分析等)挖掘数据中隐含的信息，提高系统的健康管理能力，并且数据驱动方法与具体模型的选取无关，通用性强[8,23]。

综上，开展数据驱动的故障诊断技术研究既有理论性和挑战性，又有很高的应用价值。研究数据驱动的故障诊断方法，解决"数据丰富，信息匮乏"问题可以进一步提高系统健康管理的性能，更好地控制包含大量测量信息的大型自动化系统。

一些控制技术公司已在他们的控制软件中增加了统计监控模块, 如 Foxboro 公司的 FoxSPC、Siemens 公司的 SIMATIC-WinCC、Honeywell 的 TpS 等[8]。但是, 该领域的理论体系并不完善, 必须紧密结合工程实际, 开展相应的理论研究, 为数据驱动故障诊断方法的应用打下扎实的理论基础。

1.3.1　故障诊断的专家系统法

基于专家系统的故障诊断方法能够利用专家丰富的经验知识进行诊断, 无须系统机理建模, 并且诊断结果易于理解, 因此得到广泛的应用[7,25,26,47,48]。

这类方法也存在不足, 如知识获取的瓶颈问题[10,49]。专家知识的局限性和知识表述规则化的困难, 造成诊断知识库的不完备。当遇到一个没有相关规则与之对应的新故障现象时, 系统就显得无能为力。同时, 系统缺乏自学习和自完善能力, 现行的故障诊断专家系统在运行过程中不能从诊断的实例中获得新的知识, 并且对新奇的故障和系统设计的边缘问题求解的鲁棒性较差。

1.3.2　基于定性趋势分析的故障诊断

Cheung 等[50]提出一种基于三角形的过程趋势表达方法。采集到的信号经过滤波后, 先将其表达为七种原语表示的一个序列, 再进行故障模式的识别。Cheung 等只利用一阶和二阶导数的符号信息, 未利用其相应的数值大小信息。Wong 等[51]对 Cheung 的工作进行模糊扩展, 并采用隐马尔可夫过程判断故障类型。Charbonnier 等[52]提出一种基于小波的多尺度趋势分析方法, 解决数据窗口的大小选择问题和数据的滤波问题。

1.3.3　基于盲信号分离的故障诊断

盲信号分离(blind signal separation, BSS)是在传输信道特性未知、输入信号未知或仅有少量先验知识的情况下, 从系统的输出信号中分离或估计源信号。1991年, Jutten 等[53]最早提出 BSS 的概念, 此后 BSS 问题的研究取得了许多成果。独立元分析(independent component analysis, ICA)是 BSS 的常用方法[24,54-56]。

BSS 用于故障诊断还处于起步阶段, 目前大多限于单故障的诊断。这是因为一方面 BSS 的理论体系还不完善, 另一方面故障诊断的研究必须紧密结合工程实际进行相应的理论研究, 从而为故障诊断的应用打下坚实的理论基础[24]。

1.3.4　基于统计分析的故障诊断

基于统计分析的故障诊断方法不需要系统的准确机理模型, 而是通过提取具有代表性的观测数据中的统计特征信息对系统运行状况进行统计推断, 是解决复杂系统故障诊断的有效方法[8,23]。

基于统计的故障检测经历了由单变量统计检测到多变量统计检测的发展过程。单变量统计检测方法尽管比较容易实现，但是以忽略变量之间的相关性信息为代价，因此只能用于数据维数较小的控制。当数据维数急剧增加时，单变量统计检测方法呈现出较差的检测能力。多变量统计分析可以很好地刻画并利用变量间的相关性，在大型系统的故障检测与诊断中，多变量统计检测方法正受到广泛的重视[23,57-59]。

基于多变量统计分析的方法利用多个观测变量之间的相关性对系统进行故障诊断。这类方法根据历史数据，利用多元投影方法将多变量样本空间分解成较低维的投影子空间和残差子空间，从而把重要的信息捕获到低维空间上。在这两个子空间中分别构造能够反映空间变化特性的统计量，根据假设检验的思想确定系统正常运行时各统计量的控制限。然后将观测数据分别向两个子空间进行投影，把相应的统计量指标用于系统的故障检测。

常用的检测统计量有投影空间中的 T^2 统计量、残差空间中的平方预测误差 (squared prediction error，SPE)统计量、Hawkins 统计量和全局马氏距离等。不同的多元投影方法得到的子空间分解结构可以反映多元变量之间不同的相关性。常用的多元投影方法包括主元分析(principal component analysis，PCA)、PLS、ICA 等[10]。

多变量统计故障诊断原理如图 1-3 所示。首先，根据历史数据利用统计分析方法建立系统正常运行的主元模型。然后，将在线观测数据投影到主元模型的主元空间中。为了增加可比性，需要采用与模型系统相同的标准化方法和投影方式，计算在线数据与主元模型的差异性，即残差，并将其作为故障检测的对象。最后，结合系统本身特性及一定的方法实现系统故障模式的辨识和定位[60]。

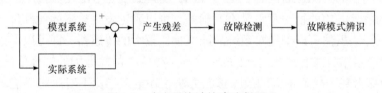

图 1-3　多变量统计故障诊断原理

多变量统计故障检测的主流方法是 PCA。PCA 由 Pearson 在 1901 年提出，之后人们对其进行了比较深入的研究，使其理论逐渐完善[8]。

1. 基于 PCA 的故障检测

PCA 是一种多变量统计分析方法，用于对具有高度线性相关性的测量数据进行分析和处理。PCA 的本质是对观测数据所处的空间进行坐标变换，并保留那些代表数据主要变化方向的坐标作为新空间的坐标方向，以实现高维空间降维的目的[58]。

PCA 变换得到的主元子空间反映观测变量的主要变化，而残差子空间则反映过程的噪声和干扰等。在主元子空间和残差子空间中分别构造相应的统计量，可以构造图 1-1 所示的特征空间。在特征空间到决策空间变换的过程中，需根据假设检验的思想计算控制限，再绘制相应的控制图进行故障检测。Wise 等[61]最早将 PCA 方法用于异常检测。

2. 基于 PCA 的故障诊断

进行工况的故障检测之后，还要进一步做基于 PCA 的故障诊断。常用的方法有 SPE-Score 图法、基于特征方向的故障诊断法、基于统计距离和角度的故障诊断法、贡献图法等[60,62]。

不同故障导致 SPE-Score 图上点簇的位置不同，因此可以通过观察 SPE-Score 图进行故障诊断。当系统可能发生的故障较少时，这种方法较有效，但是当系统可能发生的故障较多时，通过 SPE-Score 图区分所有的故障就比较困难。在特征方向法中，先对典型故障数据进行 PCA，用第一个载荷向量表示故障在测量空间的方向，依此建立故障特征方向库。同样，用 PCA 处理当前被观测的测量数据，把第一载荷向量作为当前数据的变化方向，并与故障库中的故障方向进行匹配实现故障诊断。基于统计距离和角度的故障诊断是先给出一种用来度量当前数据与已知故障数据相似性的统计距离或角度，根据相应的控制限做故障检测，用二次距离或角度的方法进行故障分类。

基于 PCA 的故障诊断多是基于观测数据的第一个载荷向量，所以只能处理单故障情况下的故障诊断问题，而且 PCA 的模式复合效应使其揭示的由载荷向量表示的故障方向的物理意义是不明确的，难以确定发生故障的元部件。

贡献图法虽然可以确定对系统故障贡献比较大的传感器，即可以实现故障的分离，但是由于故障和征兆之间的非一一对应关系，故障原因的解释依然很困难。文献[63]提出基于故障重构的故障诊断方法，在给定指标下对所有可能的故障方向进行重构。重构指标最小的故障方向被认为是当前发生的故障，但是该方法揭示的故障方向的物理意义仍然是不明确的。贡献图法虽然可以方便地实现故障的分离，但是贡献较大的变量未必是实际的故障变量[64]。

3. 传统统计方法的模型假设

值得指出的是，上述 PCA、PLS 等统计方法在推导过程中均作了如下假定[8]。
(1) 观测数据服从高斯分布。

(2) 各时刻观测数据间不存在序列相关性。

(3) 参数不是时变的。

(4) 线性。

以上假定限制了 PCA 的实际应用，导致大量的漏报和误报。因此，不少学者提出各类改进方法。

1.3.5　改进的 PCA 方法

1. 相对主元分析

传统 PCA 方法因忽视量纲对系统故障检测结果的影响，选取的主元难以具有代表性；在进行量纲标准化后，又因得到的特征值常常是近似相等的而无法进行有效的主元提取。针对这一问题，通过引入相对化变换(relative transform，RT)、相对主元(relative principal components，RPC)和主元分布均匀等概念，建立起一种相对主元分析(relative principal component analysis，RPCA)方法。该方法首先对系统进行量纲标准化，根据系统的先验信息分析和确定各观测变量的重要程度。然后，在系统能量守恒的准则下，赋以系统各观测变量相应的权值。最后，利用相对主元模型对系统实施 RPCA 故障检测[65-70]。

采用 RPCA 方法选取的主元更具代表性和显著几何意义，加之选取主元的灵活性，使该方法具有更广泛的应用前景。RPCA 在有效处理丢失数据及野值点问题的同时，能够根据各观测变量在系统中的重要性，赋以相应的权值，从而达到建立相对精确 RPCA 模型进行故障检测和诊断的目的。

RPCA 仍是在单个尺度上进行分析和检测，没有考虑观测数据或故障信号呈现的多尺度特性。

2. 多尺度主元分析

Bakshi 最早提出多尺度主元分析(multiscale PCA，MSPCA)的思想，利用小波变换将各观测信号分解为多个尺度上的信号，在每一尺度上分别建立相应的 PCA 模型实现多尺度滤波，然后重构滤波后的信号，进行基于 PCA 的故障检测，如图 1-4 所示[8,71]。图中，DWT(discrete wavelet transform)为离散小波变换，IDWT 为离散小波逆变换(inverse discrete wavelet transform)。

文献[72]提出一种基于滑动中值滤波的 MSPCA 方法，利用中值滤波对 PCA 前的原始数据进行预处理，以去除野值点，然后进行 MSPCA。这样既可以提高对数据中细微异常的灵敏度，又可以解决在测量数据中含有野值点的情况下，现有方法因野值点的存在而产生的虚警问题。文献[73]将 MSPCA 与自适应共振理论(adaptive resonance theory，ART)相结合给出一种改进型多尺度故障检测方法。该方法首先对测量数据进行多尺度分解，在各个尺度上进行 PCA，然后对重构后的数据用 ART 进行分类。

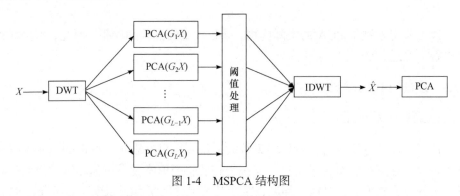

图 1-4 MSPCA 结构图

MSPCA 充分考虑了观测数据或者故障本身呈现的多尺度特性，可以更好地进行系统状态的故障检测[74-78]。

除了 RPCA 和 MSPCA，改进的 PCA 方法还包括自适应 PCA、多块 PCA、动态 PCA、非线性 PCA 和多向 PCA 等[75-77]。自适应 PCA 通过更新数据的归一化参数方法适应均值和方差的变化，或采用递归的方式适应变量之间相关关系的动态变化，以解决外界环境变化、过程负荷改变、设备磨损等因素导致的系统操作条件多变的问题[78,79]。多块 PCA 利用系统观测数据以外的其他信息，将高维的数据矩阵分解成一些小的有意义的多个数据块，通过两级方法实现 PCA，即上层分析数据块之间的关系，下层在数据块内进行 PCA，然后利用提取的统计特征信息进行故障检测[80,81]。动态 PCA 通过在时域中扩展观测数据块，使其自相关和互相关系数最小，然后对扩展后的增广数据矩阵做 PCA 来提取特征子空间信息，实现对系统故障的检测[81]。动态 PCA 虽然较好地解决了数据的动态性问题，但仍是一种线性化的建模方法。非线性 PCA 通过引入一个非线性函数，将原始变量映射到非线性主元上，使其到非线性函数决定的主元曲线间的距离最小。多向 PCA 可用于间歇过程的统计检测[82]。

PCA 是一种完全数据驱动的方法，无须解析模型，具有通用性强的优点，但 PCA 的模式复合效应使所有基于 PCA 及其改进的方法都只能进行故障检测而无法进行故障模式辨识和多故障诊断[57]。

1.3.6 基于指定元分析的方法

对多元统计分析的结果进行解释离不开系统运行的基本知识，只有将多元统计分析结果与系统运行知识相结合，才能及时有效地诊断出实际发生的故障类别。

文献[53]将基于数据的统计建模和系统运行经验知识相结合，引入指定元分析(designated component analysis，DCA)的概念。首先，根据系统运行的物理背景预先指定常见的物理意义明确的变化模式，称为指定模式。然后，通过类似于 PCA 中观测数据向载荷向量所在方向投影得到主元的思想，将观测数据向各指定模式方向投影得到指定元。最后，计算观测数据对各指定模式的显著性，据此进行故障诊断，并绘制各指定元的 Shewhart 图，进一步确认相应的故障是否发生。DCA 是一种知识导引的数据驱动方法，可以避免 PCA 的模式复合效应，因此可用于多故障诊断。

DCA 虽然可以解决 PCA 的模式复合效应导致的难以进行故障模式辨识且无法进行多故障诊断的不足，但是 DCA 分析的理论体系尚不完善，关于 DCA 故障诊断的许多理论问题都亟待解决。

1.4　基于深度学习的故障诊断方法

1.4.1　基于浅层学习的故障诊断方法

机器学习故障诊断方法的基本思路是利用系统在正常和各种故障情况下的历史数据训练人工神经网络(artificial neural network，ANN)或者支持向量机(support vector machine，SVM)等机器学习方法用于故障诊断。

常用的机器学习故障诊断方法包括基于 ANN 及其改进的方法、基于 SVM 及其改进的方法等[8]。因其网络层数较少，通常称为浅层机器学习方法。

ANN 是常用的机器学习方法。基于 ANN 的故障诊断包括基于信号处理技术的特征抽取和基于分类器的故障分类。特征抽取旨在建立观测信号到刻画系统健康状况的特征之间的映射关系。故障分类基于抽取的特征进行健康状态辨识。ANN 具有很好的自适应学习能力，在特征能很好表达观测信号本身呈现的系统潜在特性的情况下，基于 ANN 的方法可以取代诊断专家做相应的智能决策。

传统 ANN 的不足导致其发展在 2006 年前的 20 年陷入停滞。

(1) 用于学习的样本数较多时，收敛缓慢，且易于陷入局部极小点，用于学习的样本数过少会导致过拟合。

(2) 网络权系数的调整方法存在局限性。

(3) 神经网络系统的优劣受先验知识、专家经验的影响，因此有必要挖掘观测数据中可以反映不同健康状态的潜在微小故障特征，而不是人工抽取和选择特征。

ANN 是基于传统统计学习理论的方法。传统统计学研究的内容是样本无穷大时的渐进理论，而实际问题中的数据样本往往是有限的。与 ANN 不同，SVM 主要针对小样本情况，通过引入核函数将输入空间中的非线性问题映射到高维特征空间中，在高维空间构造线性函数判别器。经典的 SVM 只能给出二分类算法，与其他方法相结合的组合分类器存在各种计算困难。另一关键不足是，基于二次规划的 SVM 优化算法涉及高阶矩阵的计算问题，大规模训练样本难以实施[83,84]，这就导致 SVM 无法通过抽取工业大数据的潜在特征实现精确地智能诊断。

在现有的故障诊断方法中，处理微小故障的方式大多是采用不同的预处理方法进行噪声抑制或故障幅值累加，从而提高故障信号的信噪比(signal-to-noise ratio，SNR)。这些方法提高故障信号 SNR 的能力都是有限的。微小故障的特性决定了故障幅值和发生故障情况下观测变量间呈现的非线性特征没有最小，只有更小。如何尽早地诊断出这些微小故障是维护的关键。SVM 与 ANN 都是浅层机器学习特征抽取的方法，这种结构的简单性约束了其在微小故障诊断时对非显著故障进行特征表示的能力。因此，有必要研究深层机器学习方法，以便更好地进行微小故障特征表示和故障诊断。

1.4.2　深度学习的模型分类

机器学习是人工智能领域的一个重要学科，从浅层学习到深度学习给工业和社会带来极大的利好。受方法工程实现困难的约束，ANN、PCA 等简单模型有更广阔的应用市场。然而，深度学习的惊人进展促使工业界重新定论，即在大数据情况下采用具有更强表达能力的深度学习模型才能充分发掘海量数据中蕴藏的丰富信息[85]。

深度学习是一类新的机器学习算法，通过多重非线性变换的复合自动提取数据中潜在的高层特征、抽象特征。深度学习源于 DNN，但又不限于 DNN。2006 年，Hinton 等[86,87]首次提出实际可行的深层学习框架，近年来受到各个领域研究者的关注。深度学习可以将特征抽取和分类器结合到一个框架中，自动学习数据特征，从而减少设计特征的工作量。

深度学习框架有两个模块，即逐层无监督的网络结构学习模块和有监督的网络权值优化调整模块。自下而上的逐层无监督结构学习是一个预训练过程，主要是从无标签的数据中逐层提取抽象的特征，并作为反向调优的初始值，所以这个初值更接近于全局最优。这是深度学习优于浅层学习的原因[88-95]。自上而下的监督学习通过 BP(back propagation，反向传播)算法训练有标签的数据，从而对网络的权值进行微调。深度学习网络模型可以分为产生式生成模型、概率生成模型、混合模型[87-89,93-95]。常用的深度学习结构包括自动编码器、受限玻尔兹曼机(restricted boltzmann machine，RBM)、深度置信网络(deep belief networks，DBN)和卷积神经网络(convolutional neural networks，CNN)等[87-92]。

自动编码器是单层神经网络，旨在抽取输入数据的抽象特征，学习的目标是尽可能地复现该网络的输入。自动编码器需要捕捉可以代表输入数据的关键因素，就像 PCA 需要找出能代表原信息的主要成分那样，可以把输出表示成一组超完备基或标架的线性组合。在自动编码器上添加 L_2 正则项约束，使每一层的节点大部分为 0，即可得到稀疏自动编码器。降噪自动编码器是在输入数据中添加噪声，让自动编码器从被噪声污染的数据中学习更加鲁棒的网络结构，从而恢复出未被污染的数据，因此降噪自动编码器具有更好的泛化能力。RBM 是一个两层无向图模型，每一层节点之间没有连接。输入数据层是可视层，另一层是隐藏层，可视层和隐藏层联合概率分布是 Boltzmann 分布。Gaussian RBM 可以处理输入数据是 Gaussian 分布的实值数据。DBN 由多个 RBM 层组成，可以建立观测数据和标签之间的联合分布，对观测的后验概率和标签的后验概率评估，而非仅评估给定观测时标签的后验概率。DBN 仅有逐层预训练过程，没有网络权值反向调整过程，单纯将 DBN 用于分类时效果并不好。通常是将 DBN 的权值赋给 DNN，作为预训练，然后在顶层加入一个分类器做优化调整[91-95]。当待抽取特征的数据是二维图像信息时，先把图像矩阵转化为一维向量，再进行特征抽取。Lecun 等提出的 CNN 是第一个具有多层结构的学习算法，对比例缩放、平移、倾斜或其他形式的变形具有较好的不变性，在图像特征抽取方面的效果比较好[91]。

深度学习可以通过深层网络的多层信息抽取实现分类或其他目的，近 10 年来在信号处理领域得到广泛关注。堆叠自动编码器、DBN、RBM、CNN 及其对应的去噪、稀疏等改进方法在即时机器口译、音乐类型识别和自动标记等语音处理、手写体字符识别、数字字符识别、自然图像和人脸图像识别等图像处理、视频信息分类、跟踪和监控等方面都已开展了较多的深度学习应用研究[96-101]。

深度学习在语音处理、图像处理、信息检索等领域是一个非常有前景的海量数据特征抽取工具。但是，基于深度学习的故障诊断研究的文献相对较少。

目前，深度学习研究的关注点还是从机器学习领域借鉴一些可以在深度学习中使用的方法，还有很多核心问题需要解决[95]。

(1) 对于一个特定的框架，多少维的输入可以表现得较优？

(2) 对捕捉短时或者长时间的时间依赖，哪种架构才是有效的？

(3) 对于一个给定的深度学习架构，如何融合多种感知的信息？

(4) 有什么正确的机理可以增强一个给定的深度学习架构，以改进鲁棒性及其对扭曲和数据丢失的不变性？

(5) 模型方面是否有其他更为有效且有理论依据的深度学习模型？

(6) 在深度学习应用拓展方面，如何充分利用深度学习增强传统学习算法的性能仍是目前各领域的研究重点。

1.4.3 基于深度学习的智能故障诊断研究现状

所谓智能诊断是采用机器学习技术自动判断设备健康状况的方法。前述对浅层机器学习故障诊断的分析表明，ANN 是最常用的智能故障诊断方法之一，但是 ANN 故障诊断系统的性能差异较大，且存在局部最优等问题。工业大数据时代亟须研究更加有效的非显著特征抽取技术和智能故障诊断方法，从数据中自动发掘微小故障特征并基于数据做系统健康状态判断。深度学习有强大的数据特征表示能力，可以通过多重非线性变换的复合自动提取数据中包含的深层潜在非显著特征，有望克服现有智能诊断方法的不足[102-111]。

Hinton 等于 2006 年发表文章 *Reducing the dimensionality of data with neural networks*，开启了深度学习在学术界和工业界的浪潮[86]。深度学习是机器学习的一个重要分支，它具有多个非线性隐藏层结构，目的是学习数据的逐层特征表示。在故障诊断领域，应用比较成功的几个深度学习模型有堆叠自动编码器、DBN、深度玻尔兹曼机(deep Boltzmann machine，DBM)、CNN 和递归神经网络[112,113]。根据网络模型划分的基于深度学习的故障诊断方法如图 1-5 所示。

1. 基于堆叠自动编码器的故障诊断方法

基于堆叠自动编码器的故障诊断方法通过堆叠多个自动编码器模型来构建 DNN。通过自下而上的无监督逐层特征抽取和自上而下的有监督参数微调对模型参数进行全局优化调整，可以克服浅层机器学习模型过分依赖初始化参数、容易陷入局部极小值等问题[86,114]。

通过堆叠多个自动编码器构建 DNN 的方式简单易实现，在故障诊断领域取得了广泛的应用。文献[106]利用堆叠自动编码器从轴承的原始振动信号中提取特征，然后使用 Softmax 分类器实现对轴承故障类型的识别。但是，由于直接使用原始的振动信号数据，其诊断效果不佳。文献[115]通过引入稀疏性表示和降噪操作，使 DNN 可以自适应地提取更加鲁棒的特征，从而提高故障诊断模型的诊断精度。文献[116]利用压缩感知技术从原始的振动序列信号中提取低维特征，然后将其作为 DNN 模型的输入，进行故障诊断。由于需要使用压缩感知技术对数据进行预处理，因此无法保证实时性。文献[117]将时域特征、频域特征和时频域特征在内的多域统计特征作为堆叠自编码器的输入，进一步抽取更加抽象的故障特征，然后将 SVM 作为分类器，实现故障诊断。由于进行多域特征融合，可以增加有效的故障特征信息。但 SVM 易受核函数的影响导致过拟合或欠拟合。文献[118]研究了复杂操作条件下难以有效获得有效故障特征的问题。首先，采用最大熵设计堆叠自编码器的损失函数，增强模型从振动信号中学习特征的能力，然后采用人工鱼群算法对堆叠自编码器的关键参数进行优化，以适应信号特征。文献[119]研究了不同工况下，故障类型识别的问题，提出一种多模态故障诊断方法。首先，对原始振动信号进行快速傅里叶变换(fast Fourier transformation, FFT)，然后将频率系数作为输入建立 DNN 故障诊断模型，实现运行工况区分、故障源定位和故障严重程度识别，可以取得较高的诊断精度。

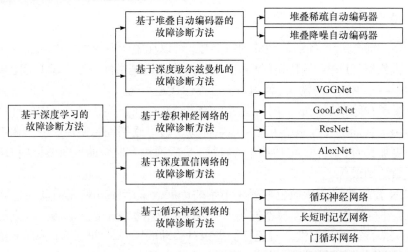

图 1-5 根据网络模型划分的基于深度学习的故障诊断方法

2. 基于 DBM 的故障诊断方法

DBM 是一种深层结构的 RBM，其隐藏层的单元呈现层次结构，而非单层结构[120]。DBM 遵循 RBM 的连接方式，即后续相邻层之间只有全连接，而各层内或非相邻层之间不允许连接。同时，DBM 是一个二元无向图模型，每一层的每个单元都是相互独立的，并条件独立于相邻层中的单元。DBM 已经广泛应用于多个领域。

在故障诊断领域，DBM 也颇受欢迎，取得了较好的成果。文献[121]首先提取时域、频域、时频域的三种浅层特征，然后将它们组合在一起作为 DBM 的输入，进行深层特征的学习，可以获得较好的诊断结果。与文献[121]相似，文献[122]将一个高斯伯努利深度玻尔兹曼机直接应用于由时域、频域、时频域三种特征组成的融合特征，并在其顶部添加 Softmax 分类器识别故障类别。上述文献通过多域信息融合增加故障信息表征的有效性，但由于需要对频域特征进行抽取，在线故障诊断时无法保证实时性。文献[123]首先建立 3 个高斯伯努利深度玻尔兹曼机，分别从原始振动信号中提取时域特征、频域特征和时频域特征，并在每个高斯伯努利深度玻尔兹曼机顶部添加 Softmax 分类器，进行预训练和微调。然后，将 3 个高斯伯努利深度玻尔兹曼机的输出作为 SVM 的输入，得到最终的诊断结果。但该方法增加了模型的复杂性。文献[124]将多个 RBM 堆叠到用于故障诊断的 DBM 模型中，同时将经过 FFT 得到的频域数据作为模型的输入，可以获得较好的诊断结果，但无法满足在线诊断的实时性。文献[125]首先从声音信号和振动信号中得到小波变换的统计参数，然后使用两个 DBM 学习统计参数的深度特征表示，通过随机森林将两个 DBM 的输出融合，进而得到诊断结果。

3. 基于 DBN 的故障诊断方法

DBN[87]通过训练各层之间的网络参数，可以让整个深层网络按照最大概率的方式生成数据。DBN 由 RBM 堆叠而成，具体地讲是由前一个 RBM 的隐藏层输出作为下一个 RBM 的输入，通过堆叠多个 RBM 实现深层的架构。该网络可以视为由可视层和隐藏层组成，层与层之间的神经元存在连接，但各层内的神经元不存在连接。其训练过程是由下至上逐层训练，通过逐层训练使顶层的 RBM 可以抽取到更加具有代表性、更加抽象的特征，最后通过有监督的反向微调使 DBN 模型的参数达到最优。

DBN 在故障诊断领域也取得了不错的进展。文献[126]使用滑动窗口获得频谱特征，并将其作为 DBN 模型的输入，实现对液压系统的故障诊断。该方法可以有效地保持特征的完整性，避免特征谱相对移动的风险，同时减小特征向量的尺寸。针对不同对象采用该方法时，确定合适的滑动窗口宽度较为不易。文献[127]使用 DBN 抽取电力变压器故障特征并进行分类，然后使用 D-S 证据理论解决故障诊断中的不确定性问题，构造多级决策融合模型，实现对电力变压器的故障诊断。文献[128]首先使用等角度采样法对振动信号进行采样，获得平稳的角域信号，然后利用连续小波变换对角域信号进行角-频分析获取特征，并构造诊断参数矩阵，最后利用 DBN 对诊断参数矩阵进行降维和二次特征提取，从而进行故障诊断。该方法可以充分提取角域故障特征，但无法有效进行实时故障诊断。文献[129]将具有不同体系结构的 DBN 视为基本分类器，并使用基于分解的多目标进化算法调整整体权重，在准确性和多样性之间进行权衡。该方法在多变量传感数据的故障诊断中具有很好的优势。文献[130]将轴承的时域振动信号通过经验模态分解得到若干固有模态函数，并分别输入若干个 DBN 中进行故障状态识别，然后通过简单投票法将每个 DBN 识别的结果进行决策层信息融合，得到轴承故障的诊断结果。针对不同的应用对象，该方法很难确定合适的模态分解数目来保证原始数据信息不丢失。文献[131]首先采用压缩感知技术来减少振动信号的样本量，然后用高斯可见单位构造卷积 DBN 模型，增强对压缩数据的特征学习能力，最后采用指数移动平均技术提高深度学习模型的泛化性能。

4. 基于 CNN 的故障诊断方法

CNN 是一种包含卷积运算的深层前馈神经网络[132]。CNN 具有两个关键特性，即空间权重共享和空间池化，旨在通过交替地堆叠卷积层和池化层来学习抽象特征[132]。在 CNN 中，卷积层将多个局部滤波器与原始输入数据进行卷积，并生成平移不变的局部特征。池化层对经过卷积获得的特征进行选择和信息过滤。

全连接层对提取的特征进行非线性组合获得最终的输出。鉴于 CNN 强大的特征抽取能力，故障诊断领域的专家也尝试将其应用于故障诊断中。

文献[133]将振动数据的原始频谱作为 CNN 的输入，通过提取有效的故障特征实现对旋转机械的故障检测。由于直接将振动频谱作为输入，其诊断精度较低。文献[134]首先对原始振动信号构建 Hankel 矩阵，作为 CNN 的输入来抽取故障特征，并利用 T 分布随机邻域嵌入技术对特征进行可视化，然后利用隐马尔可夫模型对特征进行分类，实现故障诊断。文献[135]首先利用小波包变换构造多级小波系数矩阵全面表示非平稳振动信号，然后建立多个具有共享参数的并行 CNN 自动学习多级故障特征，最后通过动态权重分配，将学习到的多级故障特征输入动态集合层进行融合，实现精确的故障诊断。文献[136] 针对齿轮箱复合故障诊断问题进行研究，首先利用 CNN 对多个传感器的检测数据做自适应特征提取，并使用 Softmax 分类器进行初步分类，然后将分类结果作为 D-S 证据理论的输入，根据 Dempster 融合法则进行决策融合，得到最终的诊断结果。文献[135], [136]结合融合机制分别进行特征级融合和决策级融合，由于诊断结果依赖融合机制的好坏，因此不同的研究对象选择合适的融合机制是一个难题。文献[137]提出一种基于经验模态分解及 CNN 的故障诊断方法。以上文献都是通过一系列方法构建二维数据作为 CNN 的输入，进而进行故障诊断，或者通过决策级融合得到故障诊断结果。还有一些研究人员考虑使用一维卷积对原始的振动信号进行处理。文献[138]使用一维 CNN 直接作用于原始振动信号，消除对单独特征提取方法的需求，同时加入自适应设计，可以将特征提取和故障分类融合到单个学习体中，从而提高故障诊断的精确性。文献[139]提出一种基于归一化振动信号的一维 CNN，其优势在于无须任何其他预处理或信号处理方法，能够直接从原始振动信号中自动提取最佳的特征。

1.5 非均衡数据深度学习故障诊断研究现状

目前，大多数深度学习故障诊断方法是建立在各类样本均衡的先验假设基础上的。传统分类方法使用在非均衡数据集上时，由于没有足够的样本用于分类器的学习，训练出的分类器对具有少量样本的故障类别分类精度较低。在故障诊断领域，这是必须要解决的问题。目前，数据不均衡故障诊断的方法大致可以分为基于改进算法层面和基于数据处理层面。

文献[140]提出一种基于马氏距离的支持向量机与二叉树相结合的方法，应用于转子不均衡故障严重程度分类问题，可以获得较高的分类精度。文献[141]将二叉树结构与加权 SVM 相结合，综合考虑各类样本的类间距离、类内距离和不均衡的程度优化二叉树的结构，实现对不均衡数据的分类。然而，选择合适的距离度量准则是该方法的关键，若距离度量准则选择不当，该方法的有效性将无法保障。文献[142]首先将不均衡数据集转换为多个均衡数据集，然后使用特定分类方法在多个均衡数据集上构建多个分类器，最后将这些分类器的分类结果按特定的规则组合得到最终的分类结果。该方法在进行多类故障诊断时，泛化能力并不高。

在数据处理层面，通过对少数类样本进行过采样或者对多数类样本进行欠采样实现样本的均衡化。文献[143]结合粗糙集理论和子集的下逼近技术改进少数类样本过采样技术，通过构造新样本来预处理不均衡数据集，这种方法可以排除不属于少数类别的近似伪样本。文献[144]从少数样本的领域和空间分布出发，使用周围邻域对少数样本进行过采样，生成新的样本。这些新的样本均匀分布在原始样本的周围，有助于扩大少数样本的影响范围。文献[145]使用 k 均值聚类方法识别和定位输入空间中最有效生成人工数据的区域，然后生成新的样本。该方法不仅能消除类间不均衡和类内不均衡，还可以避免产生噪声样本。无论是过采样技术还是欠采样技术，都是针对现有不均衡数据进行处理，增加的可用信息有限，对不均衡数据故障诊断的效果提高并不显著。随着深度学习技术的发展，出现一些生成式深度学习模型，如生成对抗网络(generative adversarial net，GAN)[146]。GAN 生成器可以利用具有特定分布的随机数作为输入，生成新样本。这种新样本与训练数据具有相同的分布特征，可以实现对数据集的扩充。特别是在小样本条件下，生成器可以生成高质量的新样本。文献[147]利用 GAN 强大的生成能力结合降噪自动编码器，实现对齿轮箱的小样本数据故障诊断。文献[148]利用 GAN 生成故障样本，以解决故障数据量远低于正常数据量导致的数据不均衡问题。文献[149]首先利用 GAN 生成少数类的样本，降低不同类别样本的不均衡度，然后使用深层 CNN 自适应地从原始数据中逐层学习故障特征，同时引入 Focal 损失函数进行故障诊断。文献[150]首先应用 FFT 对少数类的原始振动信号进行预处理，获得故障样本的频谱，然后使用频谱数据作为 GAN 的输入，按照真实样本的数据分布生成少数样本，最后将生成的样本放入训练集中使各类样本平衡，建立基于堆叠降噪自动编码器的故障诊断模型。上述文献使用 GAN 生成与不均衡类故障样本具有相同分布的数据，但其两阶段方法无法保证生成的样本有利于故障诊断这一最终目的。

1.6　本　章　小　结

在难以建立起系统机理模型进行故障诊断的情况下，为解决"数据丰富，信息匮乏"的问题，数据驱动的故障诊断研究已逐渐成为研究热点。本章概述故障诊断的研究意义及诊断方法分类，回顾数据驱动故障诊断方法的研究现状和存在的问题。数据驱动故障诊断研究的理论体系还不完善，因此故障诊断的研究必须紧密结合工程实际，进行相应的方法研究，为故障诊断的应用打下扎实的理论基础。特别是，随着系统或设备的高度自动化可能出现的多故障诊断问题，给出合理的解决方案是必要的。

参 考 文 献

[1] 周东华, 李钢, 李元. 数据驱动的工业过程故障诊断技术: 基于主元分析与偏小二乘的方法. 北京: 科学出版社, 2011.

[2] 周东华, 叶银忠. 现代故障诊断与容错控制. 北京: 清华大学出版社, 2000.

[3] 朱大奇. 电子设备故障诊断原理与实践. 北京: 电子工业出版社, 2004.

[4] 尹珅, 张爱华, 杨宏燕. 基于模型的故障诊断技术. 北京: 国防工业出版社, 2019.

[5] 任国泉, 康海英, 吴定海, 等. 旋转机械非平稳故障诊断. 北京: 科学出版社, 2018.

[6] 王福忠, 姚波. 反馈系统故障诊断与可靠控制. 北京: 科学出版社, 2020.

[7] Venkat V, Raghunathan R, Kewn Y, et al. A review of process fault detection and diagnosis Part I: quantitative model-based methods. Computers and Chemical Engineering, 2003, 27 (3): 293-311.

[8] 郭明. 基于数据驱动的流程工业性能监控与故障诊断研究. 杭州: 浙江大学, 2004.

[9] Runger G C, Willemain T R. Model-based and model-free control of autocorrelated processes. Journal of Quality Technology, 1995, 14(2): 283-288.

[10] Mastrangelo C M, Montgomery D C. SPC with correlated observations for the chemical and process industries. Quality and Reliability Engineering International, 1995, 11(2): 79-89.

[11] 黄雅罗, 黄树红. 发电设备状态检修. 北京: 中国电力出版社, 2000.

[12] 胡文平. 基于智能信息融合的电力设备故障诊断技术研究. 武汉: 华中科技大学, 2005.

[13] Western Electric Corporation. Statistical Quality Control Handbook. Easton: The Mack Printing Company, 1956.

[14] 周东华, 胡艳艳. 动态系统的故障诊断技术. 自动化学报, 2009, 35(6): 748-758.

[15] Wang H, Chai T Y, Ding J L, et al. Data driven fault diagnosis and fault tolerant control: some advances and possible new directions. Acta Automatic Sinica, 2009, 35(6): 739-747.

[16] Yin S, Ding S, Xie X, et al. A review on basic data-driven approaches for industrial process monitoring. IEEE Transactions on Industrial Electrons, 2014, 61(11): 6418-6428.

[17] Yin S, Li X W, Gao H J, et al. Data-based techniques focused on modern industry: an overview. IEEE Transactions on Industrial Electrons, 2015, 62(1): 657-667.

[18] Li Y G, Nilkitsaranont P. Gas turbine performance prognostic for condition-based maintenance. Applied Energy, 2009, 86: 2152-2161.

[19] Li G, Qin S J, Ji Y D, et al. Reconstruction based fault prognosis for continuous processes. Control Engineering Practice, 2010, 18: 1211-1219.

[20] Zhang Z, Wang Y, Wang K. Fault diagnosis and prognosis using wavelet packet decomposition, Fourier transform and artificial neural network. Journal of Intelligent Manufacturing, 2013, 24(6):

1213-1227.

[21] Zhao C H, Gao F R. Online fault prognosis with relative deviation analysis and vector autoregressive modeling. Chemical Engineering Science, 2015, 138: 531-543.

[22] 雷亚国, 贾峰, 周昕, 等. 基于深度学习理论的机械装备大数据健康监测方法. 机械工程学报, 2015, 51(21): 49-56.

[23] 何清波. 多元统计分析在设备状态监测诊断中的应用. 合肥: 中国科学技术大学, 2007.

[24] Wang H C, Li L W. Blind source separation of rolling element bearing single channel compound fault based on Shift Invariant Sparse Coding. Journal of Vibro Engineeering, 2017, 19(3): 1809-1822.

[25] Venkat V, Raghunathan R, Kewn Y, et al. A review of process fault detection and diagnosis part II: quantitative model-based methods and search strategies. Computers and Chemical Engineering, 2003, 27 (3): 313-326.

[26] Venkat V, Raghunathan R, Kewn Y, et al. A review of process fault detection and diagnosis Part III: process history based methods. Computers and Chemical Engineering, 2003, 27 (3): 327-346.

[27] Peng D Z, Zhang Y. Dynamics of generalized PCA and MCA learning algorithms. IEEE Transactions on Networks, 2007, 18(6): 1777-1784.

[28] 葛志强, 刘毅, 宋执环, 等. 一种基于局部模型的非线性多工况过程监测方法. 自动化学报, 2008, 34(7): 792-797.

[29] 刘云霞, 钟麦英. 基于等价空间的网络控制系统故障检测问题研究. 系统工程与电子技术, 2006, 28(10): 1553-1555.

[30] Jiang B, Shi P, Mao Z H. Sliding mode observer-based fault estimation for nonlinear networked control systems. Circuits Systems and Signal Processing, 2011, 30(1): 1-16.

[31] Odgaard P F, Lin B, Jorgensen S B. Observer and data-driven-model-based fault detection in power plant coal mills. IEEE Transactions on Energy Conversion, 2008, 23(2): 659-758.

[32] Wang Y Q, Zhou D H, Gao F R. Robust fault-tolerant control of a class of on-minimum phase nonlinear processes. Journal of Process Control, 2007, 17(3): 523-537.

[33] 李春富, 叶昊, 王桂增. 基于多向 PLS 方法的间歇过程质量预测. 系统仿真学报, 2004, 16(6): 1168-1170.

[34] 李钢, 周东华. 基于 SPM 的多变量连续过程在线故障预测方法. 化工学报, 2008, 59(7): 1829-1833.

[35] 郑英, 方华京, 谢林柏. 具有随机时延的网络化控制系统基于等价空间的故障诊断. 信息与控制, 2003, 32(2): 155-159.

[36] Frank P M. Fault diagnosis in dynamics systems using analytical and knowledge-based redundancy a survey and some new results. Automatica, 1990, 26(3): 459-474.

[37] Mehra R K, Reschon J. An innovation approach to fault detection and diagnosis in dynamics. Automatica, 1971, 7(5): 637-640.

[38] Martinez-Sibaja A, Astorga-Zaragoza C M. Simplified interval observer scheme: a new approach for fault diagnosis in instruments. Sensors, 2011, 11(1): 612-622.

[39] Chen J, Toribio L, Patton R J. Non-linear dynamic systems fault detection and isolation using fuzzy observers. Proceedings of the Institution of Mechanical Engineers Part I: Journal of Systems

and Control Engineering, 1999, 213(6): 467-476.

[40] Zhang P, Ding S X, Wang G Z, et al. Fault detection of linear discrete-time periodic systems. IEEE Transactions on Automatic Control, 2003, 50(2): 239-244.

[41] He X, Wang Z D, Ji Y D, et al. Network-based fault detection for discrete-time state-delay systems: a new measurement model. International Journal of Adaptive Control and Signal Processing, 2008, 22(5): 510-528.

[42] Ye H, Wang G Z, Ding S X. A new parity space approach for fault detection based on stationary wavelet transform. IEEE Transactions on Automatic Control, 2004, 49(2): 281-287.

[43] Izadi I, Shah S L, Chen T W. Parity space fault detection based on irregularly sampled data//2008 American Control Conference, Seattle, 2008: 2798-2803.

[44] Nguang S K, Zhang P, Ding S X. Parity relation based fault estimation for nonlinear systems: an LMI approach. International Journal of Automation and Computing, 2007, 4(2): 164-168.

[45] Yamana F, Nishiya T. Application of the intelligent alarm system for the plant operation. Computers and Chemical Engineering, 1997, 21(S): 625-630.

[46] Nimmo I. Adequately address abnormal situation operations. Chemical Engineering Progress, 1995, 91(9): 36-45.

[47] Leung D, Romagnoli J. Dynamic probabilistic model-based expert system for fault diagnosis. Computers and Chemical Engineering, 2000, 24(11): 2473-2492.

[48] Scenna N J. Some aspects of fault diagnosis in batch processes. Reliability Engineering and System Safety, 2000, 70(1): 95-110.

[49] 黄启明, 钱宇, 林伟璐, 等. 化工过程故障诊断研究进展. 化工自动化及仪表, 2008, 27(3): 1-5.

[50] Cheung J T, Stephanopoulos G. Representation of process trends Part I: a formal representation framework. Computers and Chemical Engineering, 1990, 14(4-5): 495-510.

[51] Wong J C, McDonald K A, Palazoglu A. Classification of process trends based on fuzzified symbolic representation and hidden Markov models. Journal of Process Control, 1998, 8(5): 395-408.

[52] Charbonnier S, Garcia-Beltan C. Trends extraction and analysis for complex system monitoring and decision support. Engineering Applications of Artificial Intelligence, 2005, 18(1): 21-36.

[53] Jutten C, Heraul J. Blind separation of sources Part I: an adaptive algorithm based on neuromimetic architecture. Signal Processing, 1991, 24 (1): 1-10.

[54] Gelle G, Colas M, Serviere C. Blind source separation: a new pre-processing tool for rotating machines monitoring. IEEE Transactions on Instrumentation and Measurement, 2003, 52 (3): 790-795.

[55] 陈国金. 工业过程监控: 基于主元分析和盲源信号分析方法. 杭州: 浙江大学, 2004.

[56] 陈真勇. 转子轴承系统故障辨识的理论方法与实验. 北京: 清华大学, 2003.

[57] Liu Y G. Statistical control of multivariate processes with applications to automobile body assembly. Michigan: University of Michigan, 2002.

[58] Doymaz F. Statistical monitoring and modeling of multivariable system. California: University of California Davis, 2001.

[59] Kourti T, MacGregor J F. Multivariate SPC methods for process and product monitoring. Journal of Quality Technology, 1996, 28(2): 409-428.

[60] 曲爱妍. 数据驱动技术对间歇生产过程实时状态监测的研究. 南京: 南京航空航天大学, 2004.

[61] Wise B M, Ricker N L, Veltkamp D F, et al. A theoretical basis for the use of principal component models for monitoring multivariate processes. Process Control and Quality, 1990, 1(1): 41-51.

[62] 张杰, 阳宪惠. 多变量统计过程控制. 北京: 化学工业出版社, 2000.

[63] Dunia R, Qin S J. Subspace approach to multidimensional fault identification and reconstruction. AICHE Journal, 1998, 44(8): 1813-1831.

[64] Ji H Q, He X, Zhou D H. On the the use of reconstruction-based contribution for fault diagnosis. Journal of Process Control, 2016, 40: 24-34.

[65] Vigneau E, Bertrand E, Qannari E M. Application of latent root regression for calibration in near-infrared spectroscopy comparison with principal component regression and partial least squares. Chemometrics and Intelligent Laboratory Systems, 1996, 35(3): 231-238.

[66] Kresta J V, MacGregor J F, Marlin T E. Multivariate statistical monitoring of process performance. Canadian Journal of Chemical Engineering, 1991, 69(1): 35-47.

[67] Kano M, Tanaka S, Hasebe S, et al. Monitoring independent components for fault detection. AICHE Journal, 2003, 49(4): 969-976.

[68] Ge Z, Song Z. Process monitoring based on independent component analysis-principal component analysis(ICA-PCA) and similarity factors. Industrial and Engineering Chemistry Research, 2007, 46(7): 2054-2063.

[69] 王天真. 智能融合数据挖掘及其应用. 上海: 上海海事大学, 2006.

[70] 文成林, 胡静, 王天真, 等. 相对主元分析及在数据压缩和故障诊断中的应用研究. 自动化学报, 2008, 34(9): 1129-1140.

[71] Bakshi B R. Multiscale PCA with application to multivariate statistical process monitoring. AICHE Journal, 1998, 44(7): 1596-1610.

[72] 范少荟, 文成林. 基于滑动中值滤波的多尺度主元分析方法. 高技术通讯, 2008, 18(3): 271-276.

[73] Wen C L, Zhou F N. An extended multi-scale principal component analysis method and application in anomaly detection. Chinese Journal of Electronics, 2012, 21 (3): 471-476.

[74] Misra M, Yue H H, Qin S J, et al. Multivariate process monitoring and fault diagnosis by multi-scale PCA. Computers and Chemical Engineering, 2002, 26: 1281-1293.

[75] Ku W, Storer R H, Georgakis C. Disturbance detection and isolation by dynamic principal component analysis. Chemometrics and Intelligent Laboratory Systems, 1995, 30: 179-196.

[76] Kramer M A. Nonlinear principal component analysis using auto associative neural networks. AICHE Journal, 1991, 37(2): 233-243.

[77] Qin S J. Recursive PLS-algorithm for adaptive data modeling. Computers & Chemical Engineering, 1998, 22(4-5): 503-514.

[78] Ouyang S, Bao Z, Liao G S. Robust recursive least squares learning algorithm for principal component analysis. IEEE Transactions on Neural Networks, 2000, 10(1): 215-221.

[79] MacGregor F, Jaeckle C, Kiparissides C, et al. Process monitoring and diagnosis by multiblock PLS methods. American Institute of Chemical Journal, 1994, 40(5): 826-838.

[80] Wold S, Wold N K, Tjessem K. Hierarchical multiblock PLS and PC models for easier interpretation and as an alternative to variable selection. Journal of Chemometrics, 1996, 10(5-6): 463-482.

[81] 陈耀, 王文海, 孙优贤. 基于动态主元分析的统计过程监视. 化工学报, 2000, 51(5): 666-670.

[82] Bin G F, Gao J J, Li X J, et al. Early fault diagnosis of rotating machinery based on wavelet packet-Empirical mode decomposition feature extraction an neural network. Mechanical Systems and Signal Processing, 2012, 27: 696-711.

[83] Xiao Y C, Wang H G, Xu W L, et al. Robust one-class SVM for fault detection. Chemometrics and Intelligent Laboratory Systems, 2016, 151: 15-25.

[84] Yin Z Y, Hou J. Recent advances on SVM based fault diagnosis and process monitoring in complicated industrial processes. Neurocomputing, Part B, 2016, 174: 643-650.

[85] 余凯, 贾磊, 陈雨强, 等. 深度学习的昨天、今天和明天. 计算机研究与发展, 2013, 50(9): 1799-1804.

[86] Hinton G, Salakhutdinov R. Reducing the dimensionality of data with neural networks. Science, 2006, 313(5786): 504-507.

[87] Hinton G, Osindero S, Teh Y. A fast learning algorithm for deep belief nets. Neural Computation, 2006, 18(7): 1527-1554.

[88] Yoshua B. Learning deep architectures for AI. Foundations and Trends in Machine Learning, 2009, 2(1): 1-127.

[89] Jurgen S. Deep learning in neural networks: an overview. Neural Networks, 2015, 61: 85-117.

[90] Längkvist M, Karlsson L, Loutfi A. A review of unsupervised feature learning and deep learning for time-series modeling. Pattern Recognition Letters, 2014, 42: 11-24.

[91] 刘建伟, 刘媛, 罗雄麟. 深度学习研究进展. 计算机应用研究, 2014, 31(7): 1921-1930.

[92] 孙志军, 薛磊, 许阳明, 等. 深度学习研究综述. 计算机应用研究, 2012, 29(8): 2806-2810.

[93] Choi R Y, Coyner A S. Introduction to machine learning, neural networks, and deep learning. Transactional Sision Science & Technology, 2020, 9(2): 14.

[94] Zhao R, Yan R Q. Deep learning and its applications to machine health monitoring. Mechanical Systems and Signal Processing, 2019, 115: 213-237.

[95] Saufi S R, Bin Ahmad Z A. Challenges and opportunities of deep learning models for machinery fault detection and diagnosis: a review. IEEE ACCESS, 2019, 7: 122644-122662.

[96] Dahl G, Yu D, Deng L, et al. Context-dependent pre-trained deep neural networks for large vocabulary speech recognition. IEEE Transactions on Speech and Audio Processing, 2012, 20: 30-42.

[97] Tran V T, AlThobiani F, Ball A. An approach to fault diagnosis of reciprocating compressor valves using Teager-Kaiser energy operator and deep belief networks. Expert Systems with Applications, 2014, 41(9): 4113-4122.

[98] Bengio Y, Courville A, Vincent P. Representation learning: a review and new perspectives. IEEE

Transactions on Pattern Analysis and Machine Intelligence, 2013, 35: 1798-1828.

[99] Pauplin O, Jiang J M. DBN-based structural learning and optimization for automated handwritten character recognition. Pattern Recognition Letters, 2012, 33(6): 685-692.

[100] Sarikaya R, Hinton G, Deoras A. Application of deep belief networks for natural language understanding. IEEE-ACM Transactions on Audio Speech and Language Processing, 2014, 22(4): 778-784.

[101] Sangwook K, Yu Z B, Rhee M K, et al. Deep learning of support vector machines with class probability output networks. Neural Networks, 2015, 64: 19-28.

[102] Lu W N, Wang X Q, Yang C C, et al. A novel feature extraction method using deep neural network for rolling bearing[C]//Proceedings of 27th Chinese Control and Decision Conference, Qingdao, 2015: 2427-2431.

[103] Van T T, Faisal A, Andrew B. An approach to fault diagnosis of reciprocating compressor valves using Teager-Kaiser energy operator and deep belief networks. Expert Systems with Applications, 2014, 41: 4113-4122.

[104] Tamilselvan P, Wang P F. Failure diagnosis using deep belief learning based health state classification. Reliability Engineering & System Safety, 2013, 115: 124-135.

[105] Gan M, Wang C, Zhu C A. Construction of hierarchical diagnosis network based on deep learning and its application in the fault pattern recognition of rolling element bearing. Mechanical Systems and Signal Processing, 2016, 72: 92-104.

[106] Jia F, Lei Y G, Lin J, et al. Deep neural networks: a promising tool for fault characteristic mining and intelligent diagnosis of rotating machinery with massive data. Mechanical Systems and Signal Processing, 2016, 72: 303-315.

[107] Sun W J, Shao S Y, Zhao R, et al. A sparse auto-encoder-based deep neural network approach for induction motor faults classification. Measurement, 2016, 89: 171-178.

[108] Li C, René V S, Grover Z, et al. Multi-modal deep support vector classification with homologous features and is application to gearbox fault diagnosis. Neurocomputing, 2015, 168: 119-127.

[109] Xie D F, Bai L. A hierarchical deep neural network for fault diagnosis on Tennessee-Eastman process//Proceedings of IEEE 14th International Conference on Machine Learning and Applications, Whistler, 2015: 745-748.

[110] 石鑫, 朱永利. 深度学习神经网络在电力变压器故障诊断中的应用. 电力建设, 2015, 36(12): 116-123.

[111] 庞荣, 余志斌, 熊维毅, 等. 基于深度学习的高速列车转向架故障识别. 铁道科学与工程学报, 2015, 12(6):1283-1288.

[112] Zhao R, Yan R, Chen Z, et al. Deep learning and its applications to machine health monitoring. Mechanical Systems and Signal Processing, 2019, 115: 213-237.

[113] 周奇才, 沈鹤鸿, 赵炯. 基于深度学习的机械设备健康管理综述与展望. 现代机械, 2018, 206(4): 22-30.

[114] Bengio Y, Courville A C, Vincent P. Representation learning: a review and new perspectives. IEEE Transactions on Pattern Analysis and Machine Intelligence, 2013, 35(8): 1798-1828.

[115] Lu C, Wang Z Y, Qin W L, et al. Fault diagnosis of rotary machinery components using a stacked

denoising autoencoder-based health state identification. Signal Processing, 2017, 130: 377-388.

[116] Sun J, Yan C, Wen J. Intelligent bearing fault diagnosis method combining compressed data acquisition and deep learning. IEEE Transactions on Instrumentation and Measurement, 2017, 67(1): 185-195.

[117] Cheng F, Wang J, Qu L, et al. Rotor-current-based fault diagnosis for DFIG wind turbine drivetrain gearboxes using frequency analysis and a deep classifier. IEEE Transactions on Industry Applications, 2017, 54(2): 1062-1071.

[118] Shao H, Jiang H, Zhao H, et al. A novel deep autoencoder feature learning method for rotating machinery fault diagnosis. Mechanical Systems and Signal Processing, 2017, 95: 187-204.

[119] Zhou F, Gao Y, Wen C. A novel multimode fault classification method based on deep learning. Journal of Control Science and Engineering, 2017, 2017: 1-14.

[120] Zhang C Y, Chen C L P, et al. Predictive deep Boltzmann machine for multiperiod wind speed forecasting. IEEE Transaction on Sustainable Energy, 2015, 6(4): 1416-1425.

[121] Shang Z W, Liao X X. Fault diagnosis method of rolling bearing based on deep belief network. Journal of Mechanical Science and Technology, 2018, 32(11): 5139-5145.

[122] Li C, Sánchez R V, Zurita G, et al. Fault diagnosis for rotating machinery using vibration measurement deep statistical feature learning. Sensors, 2016, 16(6): 895.

[123] Li C, Sanchez R V, Zurita G, et al. Multimodal deep support vector classification with homologous features and its application to gearbox fault diagnosis. Neurocomputing, 2015, 168: 119-127.

[124] Shao S Y, Sun W J, Yan R Q, et al. A deep learning approach for fault diagnosis of induction motors in manufacturing. Chinese Journal of Mechanical Engineering, 2017, 30(6): 1347-1356.

[125] Li C, Sanchez R V, Zurita G, et al. Gearbox fault diagnosis based on deep random forest fusion of acoustic and vibratory signals. Mechanical Systems and Signal Processing, 2016, 76: 283-293.

[126] Wang X, Huang J, Ren G, et al. A hydraulic fault diagnosis method based on sliding-window spectrum feature and deep belief network. Journal of Vibro Engineering, 2017, 19(6): 4272-4284.

[127] 李刚, 于长海, 范辉, 等. 基于多级决策融合模型的电力变压器故障深度诊断方法. 电力自动化设备, 2017, 37(11): 138-144.

[128] 贾继德, 贾翔宇, 梅检民, 等. 基于小波与深度置信网络的柴油机失火故障诊断. 汽车工程, 2018, 40(7): 838-843.

[129] Tang J H, Wu J M, Hu B B, et al. A fault diagnosis method using Interval coded deep belief network. Journal of Mechanical Science and Technology, 2020, 34(5): 1949-1956.

[130] 蒋黎明, 李友荣, 徐增丙, 等. 基于深度置信网络和信息融合技术的轴承故障诊断. 武汉科技大学学报, 2019, (1): 40-44.

[131] Shao H, Jiang H, Zhang H, et al. Rolling bearing fault feature learning using improved convolutional deep belief network with compressed sensing. Mechanical Systems and Signal Processing, 2018, 100: 743-765.

[132] Ren S Q, He K M. Faster R-CNN: towards teal-time object detection with region proposal networks. IEEE Transactions on Pattern Analysis and Machine Intelligence, 2017, 39(6): 1137-

1149.

[133] Janssens O, Slavkovikj V, Vervisch B, et al. Convolutional neural network based fault detection for rotating machinery. Journal of Sound and Vibration, 2016, 377: 331-345.

[134] Wang S, Xiang J, Zhong Y, et al. Convolutional neural network-based hidden Markov models for rolling element bearing fault identification. Knowledge-Based Systems, 2018, 144: 65-76.

[135] Han Y, Tang B, Deng L. Multi-level wavelet packet fusion in dynamic ensemble convolutional neural network for fault diagnosis. Measurement, 2018, 127: 246-255.

[136] 张立智, 井陆阳, 徐卫晓, 等. CNN 和 DS 证据理论相结合的齿轮箱复合故障诊断研究. 机械科学与技术, 2019, 38(10): 1582-1588.

[137] 王海龙, 夏筱筠, 孙维堂. 基于 EMD 与卷积神经网络的滚动轴承故障诊断. 组合机床与自动化加工技术, 2019, 12(10): 46-48, 52.

[138] Ince T, Kiranyaz S, Eren L, et al. Real-time motor fault detection by 1-D convolutional neural networks. IEEE Transactions on Industrial Electronics, 2016, 63(11): 7067-7075.

[139] Abdeljaber O, Avci O, Kiranyaz S, et al. Real-time vibration-based structural damage detection using one-dimensional convolutional neural networks. Journal of Sound and Vibration, 2017, 388: 154-170.

[140] Lukoševičius M, Jaeger H. Reservoir computing approaches to recurrent neural network training. Computer Science Review, 2009, 3(3): 127-149.

[141] Wu Y, Yuan M, Dong S, et al. Remaining useful life estimation of engineered systems using vanilla LSTM neural networks. Neurocomputing, 2018, 275: 167-179.

[142] Zhao R, Wang D, Yan R, et al. Machine health monitoring using local feature-based gated recurrent unit networks. IEEE Transactions on Industrial Electronics, 2017, 65(2): 1539-1548.

[143] Jiang H, Li X, Shao H, et al. Intelligent fault diagnosis of rolling bearings using an improved deep recurrent neural network. Measurement Science and Technology, 2018, 29(6): 65107.

[144] Zhang S, Bi K, Qiu T, et al. Bidirectional recurrent neural network-based chemical process fault diagnosis. Industrial & Engineering Chemistry Research, 2020, 59(2): 824-834.

[145] Yu L, Qu J, Gao F, et al. A novel hierarchical algorithm for bearing fault diagnosis based on stacked LSTM. Shock and Vibration, 2019, 8: 1-10.

[146] Pan H, He X, Tang S, et al. An improved bearing fault diagnosis method using one-dimensional CNN and LSTM. Strojniski Vestnik-Journal of Mechanical Engineering, 2018, 64(7-8): 443-452.

[147] Zhao K, Shao H D. Intelligent fault diagnosis of rolling bearing using adaptive deep gated recurrent unit. Neural Processing Letters, 2019, 51(2): 1165-1184.

[148] Zhao K, Jiang H, Li X, et al. An optimal deep sparse autoencoder with gated recurrent unit for rolling bearing fault diagnosis. Measurement Science and Technology, 2019, 31(1): 015005.

[149] Duan L, Xie M, Bai T, et al. A new support vector data description method for machinery fault diagnosis with unbalanced datasets. Expert Systems with Applications, 2016, 64: 239-246.

[150] 段礼祥, 郭晗, 王金江. 数据集不均衡下的设备故障程度识别方法研究. 振动与冲击, 2016, 35(20): 178-182.

第 2 章 基 础 知 识

2.1 引　　言

本章首先介绍基于 PCA 的异常检测实现步骤，针对 PCA 的模式复合问题，介绍基于 DCA 的多故障诊断方法[1]。然后，对小波滤波技术和经典的 BP 神经网络、DNN、CNN 等进行介绍。

2.2　主　元　分　析

PCA 应用于异常检测中是由 Wise 等提出的。设一个多变量系统 $y=[y_1, y_2, \cdots, y_p]^T$ 的观测矩阵 $Y \in \mathrm{R}^{p \times n}$ 可以表示为

$$Y = \begin{bmatrix} y(1) & y(2) & \cdots & y(n) \end{bmatrix} \tag{2.2.1}$$

其中，p 为系统状态变量的数目；n 为每个变量的采样数目，$y(k)$ 为 k 时刻的 p 维观测，即

$$y(k) = \begin{bmatrix} y_1(k), y_2(k), \cdots, y_p(k) \end{bmatrix}^T, \quad k=1,2,\cdots,n \tag{2.2.2}$$

为消除量纲影响，首先对数据矩阵 $Y \in \mathrm{R}^{p \times n}$ 进行标准化，即

$$\bar{y}_i(k) = \frac{y_i(k) - E\{y_i\}}{(\mathrm{var}\{y_i\})^{1/2}}, \quad i=1,2,\cdots,p; \; k=1,2,\cdots,n \tag{2.2.3}$$

其中，均值 $E\{y_i\}$ 和方差 $\mathrm{var}\{y_i\}$ 分别为

$$E\{y_i\} = \frac{1}{n}\sum_{k=1}^{n} y_i(k), \quad i=1,2,\cdots,p \tag{2.2.4}$$

$$\mathrm{var}\{y_i\} = \frac{1}{n}\sum_{k=1}^{n}(y_i(k) - E\{y_i\})^2, \quad i=1,2,\cdots,p \tag{2.2.5}$$

标准化后的观测数据矩阵 $\bar{Y}$ 和协方差阵 Σ_Y 分别为

$$\overline{Y} = \begin{bmatrix} \overline{y}_1(1) & \overline{y}_1(2) & \cdots & \overline{y}_1(n) \\ \overline{y}_2(1) & \overline{y}_2(2) & \cdots & \overline{y}_2(n) \\ \vdots & \vdots & & \vdots \\ \overline{y}_p(1) & \overline{y}_p(2) & \cdots & \overline{y}_p(n) \end{bmatrix} \in \mathbf{R}^{p \times n} \tag{2.2.6}$$

$$\Sigma_Y = \overline{Y}\,\overline{Y}^{\mathrm{T}}/n \tag{2.2.7}$$

PCA 的实质是 p 维观测空间中的线性变换，如图 2-1 所示。

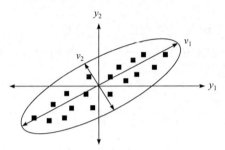

图 2-1 PCA 的几何意义

其目的是把 p 个相关的观测变量 $y_1, y_2, \cdots, y_p$ 变换成 p 个不相关的变量 $v_1, v_2, \cdots, v_p$，变换过程为

$$\begin{bmatrix} v_1 \\ v_2 \\ \vdots \\ v_p \end{bmatrix} = \begin{bmatrix} b_{11} & b_{12} & \cdots & b_{1p} \\ b_{21} & b_{22} & \cdots & b_{2p} \\ \vdots & \vdots & & \vdots \\ b_{p1} & b_{p2} & \cdots & b_{pp} \end{bmatrix} \begin{bmatrix} y_1 \\ y_2 \\ \vdots \\ y_p \end{bmatrix} \tag{2.2.8}$$

其中，主元 v_i 是将多元观测变量 y 在载荷向量 B_i 方向上的投影，即

$$v_i = B_i^{\mathrm{T}} y \tag{2.2.9}$$

则式(2.2.8)可简写为

$$v = B^{\mathrm{T}} y \tag{2.2.10}$$

B 的第 i 列 $B_i = [b_{i1}, b_{i2}, \cdots, b_{ip}]^{\mathrm{T}}$ 为多维随机变量 y 的协方差矩阵 Σ_Y 的归一化特征向量，即

$$[\lambda_i I - \Sigma_Y] B_i = 0, \quad i = 1, 2, \cdots, p \tag{2.2.11}$$

其中，λ_i 为协方差矩阵 Σ_Y 的特征值。

由 B 是标准正交矩阵，可知

$$y = Bv \tag{2.2.12}$$

即

$$\begin{bmatrix} y_1 \\ y_2 \\ \vdots \\ y_p \end{bmatrix} = \begin{bmatrix} b_{11} & b_{21} & \cdots & b_{p1} \\ b_{12} & b_{22} & \cdots & b_{p2} \\ \vdots & \vdots & & \vdots \\ b_{1p} & b_{2p} & \cdots & b_{pp} \end{bmatrix} \begin{bmatrix} v_1 \\ v_2 \\ \vdots \\ v_p \end{bmatrix} \tag{2.2.13}$$

取 n 个采样，可得

$$\begin{bmatrix} y_1(1) & y_1(2) & \cdots & y_1(n) \\ y_2(1) & y_2(2) & \cdots & y_2(n) \\ \vdots & \vdots & & \vdots \\ y_p(1) & y_p(2) & \cdots & y_p(n) \end{bmatrix} = \begin{bmatrix} b_{11} & b_{21} & \cdots & b_{p1} \\ b_{12} & b_{22} & \cdots & b_{p2} \\ \vdots & \vdots & & \vdots \\ b_{1p} & b_{2p} & \cdots & b_{pp} \end{bmatrix} \begin{bmatrix} v_1(1) & v_1(2) & \cdots & v_1(n) \\ v_2(1) & v_2(2) & \cdots & v_2(n) \\ \vdots & \vdots & & \vdots \\ v_p(1) & v_p(2) & \cdots & v_p(n) \end{bmatrix}$$

$$\tag{2.2.14}$$

可将其改写为

$$Y = N_1 + N_2 + \cdots + N_p \tag{2.2.15}$$

其中

$$N_i = \begin{bmatrix} b_{i1} \\ b_{i2} \\ \vdots \\ b_{ip} \end{bmatrix} \cdot \begin{bmatrix} v_i(1) & v_i(2) & \cdots & v_i(n) \end{bmatrix} = B_i V_i \tag{2.2.16}$$

式中， $B_i \in \mathrm{R}^{p \times 1}$ 为载荷向量； $V_i \in \mathrm{R}^{1 \times n}$ 为得分向量。

数据矩阵 Y 具有如下主元分解式，即

$$Y = B_1 V_1 + B_2 V_2 + \cdots + B_p V_p \tag{2.2.17}$$

在给定的近似程度下，若前 $\upsilon \leqslant p$ 项的和可以很好地近似 Y，则有

$$Y = \sum_{i=1}^{\upsilon} B_i V_i + E \tag{2.2.18}$$

其中

$$E = \sum_{i=\upsilon+1}^{p} B_i V_i \tag{2.2.19}$$

由此可知，图 2-1 中 $p = 2$、$\upsilon = 1$，即经主元变换后，可以用一个主元变量近似表示原来的两个观测变量所包含的大部分信息。

建立系统正常运行情况下的 PCA 模型后，对于在线观测数据，可以应用多元统计控制量进行故障检测与诊断，其中常用的统计量有 2 个，即 Hotelling T^2 统

计量和 SPE 统计量[1]。

Hotelling T^2 统计量在主元子空间的定义为

$$T^2(k) = \sum_{i=1}^{\upsilon} \frac{v_i^2(k)}{\lambda_i} \qquad (2.2.20)$$

其中，k 表示采样时刻。

其控制限可由 F 分布确定，即

$$\mathrm{UCL} = \frac{\upsilon(n^2-1)}{n(n-\upsilon)} F_\alpha(\upsilon, n-\upsilon) \qquad (2.2.21)$$

其中，$F_\alpha(\upsilon, n-\upsilon)$ 是自由度为 υ 和 $n-\upsilon$ 的 F 分布的 α 分位点。

SPE 统计量位于残差子空间，其定义为

$$\mathrm{SPE}(k) = \left\| E(k) \right\|^2 = y(k)(I - B^\upsilon B^{\upsilon \mathrm{T}}) y(k)^{\mathrm{T}} \qquad (2.2.22)$$

其中，B^υ 为载荷矩阵前 υ 列构成的矩阵。

SPE 的控制限可由正态分布确定，即

$$Q_\alpha = \theta_1 \left[\frac{h_0 C_\alpha \sqrt{2\theta_2}}{\theta_1} + \frac{\theta_2 h_0(h_0-1)}{\theta_1^2} + 1 \right]^{\frac{1}{h_0}} \qquad (2.2.23)$$

其中，C_α 为正态分布的 α 分位点。

$$h_0 = 1 - \frac{2\theta_1 \theta_3}{3\theta_2^2} \qquad (2.2.24)$$

$$\theta_j = \sum_{i=\upsilon+1}^{p} \lambda_i^j, \quad j=1,2,3 \qquad (2.2.25)$$

SPE 统计量表示 k 时刻观测 $y(k)$ 对主元模型的偏离程度，是衡量模型外部数据变化的测度。T^2 统计量表示每个采样点在变化趋势和幅值上偏离主元模型的程度，是主元模型内部变化的一种测度。

PCA 通过检测 T^2 和 SPE 统计量的取值是否超过其相应的控制限，确定系统是否处于正常工况。如果采集的在线数据与建模数据同样处于正常工况下，则 Hotelling T^2 统计量和 SPE 统计量会小于 PCA 模型的 T^2 和 SPE 控制限。

2.3 指定元分析

与 PCA 的载荷向量类似，正常或故障变化模式[1]可通过式(2.3.1)表示，即

第2章 基础知识

·31·

$$D_k = \begin{bmatrix} d_{j1} & d_{j2} & \cdots & d_{jm} \end{bmatrix}^{\mathrm{T}}, \quad j=1,2,\cdots,m; \quad k=1,2,\cdots,l_D \qquad (2.3.1)$$

其中，l_D 为指定模式的个数；d_{jk} 可以取 0 或 1，模式 k 呈现征兆 j 时，$d_{jk}=1$，反之 $d_{jk}=0$。

指定元 W_k 是 $Y(j)$ 在相应指定模式 D_k 方向上的投影，即

$$W_k = D_k^{\mathrm{T}} Y(j)^{\mathrm{T}} \qquad (2.3.2)$$

观测矩阵 Y 的指定元分解式为

$$Y = W_1^{\mathrm{T}} D_1^{\mathrm{T}} + W_2^{\mathrm{T}} D_2^{\mathrm{T}} + \cdots + W_k^{\mathrm{T}} D_k^{\mathrm{T}} \qquad (2.3.3)$$

基于各指定元的 Shewhart 图可以实现故障诊断。通过正态分布的 3σ 准则可以建立各指定元 Shewhart 图的控制限，即

$$W_{0k} = D_k^{\mathrm{T}} Y_0(j)^{\mathrm{T}} \qquad (2.3.4)$$

$$\mathrm{UCL}_k = 3\sigma_k \qquad (2.3.5)$$

$$\mathrm{LCL}_k = -3\sigma_k \qquad (2.3.6)$$

其中，UCL_k 和 LCL_k 为上控制限和下控制限；σ_k 为 W_{0k} 的方差。

2.4 小波滤波技术

DWT 的基本思想是，在分辨率渐粗的尺度上近似地表示信号(信号序列)，同时保留从细尺度到粗尺度表示过程中丢失的细节[2]。

小波滤波方法能去除信号中包含的噪声，较好地保留数据的本质特征。小波滤波的过程可以分为三个步骤。首先，对样本数据 $Y(j)$ 进行 DWT，得到相应的尺度系数 $a_{(\gamma)}$ 和小波系数 $d_{(\gamma)}$，即

$$\begin{cases} a_{(\gamma)}(j) = \sum_l h(l-2j)Y_{(\gamma)}(j) \\ d_{(\gamma)}(j) = \sum_l g(l-2j)Y_{(\gamma)}(j) \end{cases}, \quad j=1,2,\cdots,n \qquad (2.4.1)$$

式中，$a_{(\gamma)}$ 为信号在尺度 γ 下对应的尺度系数；$d_{(\gamma)}$ 为信号在尺度 γ 下对应的小波系数；h 为低通滤波器；g 为高通滤波器；l 为滤波器长度。

然后，对小波系数进行滤波处理，其关键在于如何选择阈值并量化小波系数。本节选用软阈值方法，其公式为

$$\hat{d}_{(\gamma)}(j) = \begin{cases} \text{sign}\left(d_{(\gamma)}(j)\right)\left(\left|d_{(\gamma)}(j)\right| - T^{\kappa}\right), & \left|d_{(\gamma)}(j)\right| \geqslant T^{\kappa} \\ 0, & \left|d_{(\gamma)}(j)\right| < T^{\kappa} \end{cases} \tag{2.4.2}$$

其中，T^{κ} 为阈值。

最后，进行小波反变换获得滤波后的数据 $\tilde{Y}$，即

$$\tilde{Y}(j) = \sum_j a_{(\gamma)}(j)h(l-2j) + \sum_j \hat{d}_{(\gamma)}(j)g(l-2j) \tag{2.4.3}$$

为了方便多尺度特征抽取的表达，本节给出矩阵算子形式的离散小波变换。对于 $x \equiv x^{(N)} \in \mathbb{R}^{1\times n}$，DWT 的算子形式可表示为

$$\gamma = xW_x^{\mathrm{T}} \tag{2.4.4}$$

其中，小波变换系数为

$$\gamma = \left[x_D^{(N-1)}, x_D^{(N-2)}, \cdots, x_D^{(L)}, x_V^{(L)} \right]^{\mathrm{T}} \tag{2.4.5}$$

小波变换算子矩阵为

$$W_x = [G_1 \quad G_2 \quad \cdots \quad G_L \quad H_L]^{\mathrm{T}} \tag{2.4.6}$$

满足

$$W_x^{\mathrm{T}}W_x = W_xW_x^{\mathrm{T}} = I \tag{2.4.7}$$

其中，$G_i(i=1,2,\cdots,L)$ 为 $N-i$ 尺度上的细节算子矩阵；H_L 为 L 尺度上的平滑算子矩阵，由各尺度上相应高通滤波算子 $G(N-i)$ 和低通滤波算子 $H(N-i)$ 复合而成，即

$$G_1 = G(N-1) \tag{2.4.8}$$

$$G_2 = G(N-2)H(N-1) \tag{2.4.9}$$

$$\cdots$$

$$G_L = G(L)H(L+1)H(L+1)\cdots H(N-1) \tag{2.4.10}$$

$$H_L = H(L)H(L+1)H(L+1)\cdots H(N-1) \tag{2.4.11}$$

对于信号 x，DWT 可以把各尺度上的细节(特征信号)提取出来。

2.5　反向传播神经网络

BP 神经网络是前向型网络的核心基础，可以实现从输入到输出的任意非线性映射[3]。BP 神经网络的结构图如图 2-2 所示。

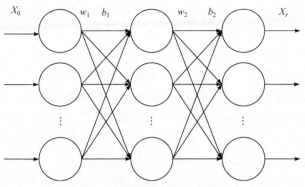

图 2-2 BP 神经网络的结构图

BP 算法包括输入层-隐藏层-输出层的正向传播和误差信息的反向传播过程。正向传播可以实现输入空间到输出空间的映射。给定输入数据 $X_0 \in \mathrm{R}^{N \times M}$，正向传播过程为

$$h = f_{\theta_1}(X_0) = \sigma(W_1 X_0 + b_1) \tag{2.5.1}$$

$$X_r = g_{\theta_2}(h) = \sigma(W_2 h + b_2) \tag{2.5.2}$$

其中，f 和 g 为隐藏层和输出层的激活函数；Sigmoid 函数的一般形式为

$$\sigma(x) = 1 / (1 + \exp(-x)) \tag{2.5.3}$$

h 为隐藏层输出；X_r 为输出层的输出；θ_1 为输入层和隐藏层之间连接的参数，$\theta_1 = [W_1, b_1]$；θ_2 为隐藏层和输出层之间连接的参数，$\theta_2 = [W_2, b_2]$，参数初始化的过程为

$$
\begin{aligned}
w_1 &= \mathrm{rand}(H, M-1) \\
b_1 &= \mathrm{zeros}(H,1)
\end{aligned}
\tag{2.5.4}
$$

$$
\begin{aligned}
w_2 &= \mathrm{rand}(M-1, h) \\
b_2 &= \mathrm{zeros}(M-1,1)
\end{aligned}
\tag{2.5.5}
$$

其中，H 为隐藏层神经元的个数；M 为输出层神经元的个数。

如果有期望的输出，则通过式(2.5.6)计算网络输出 X_r 与期望输出 X_{r0} 之间的误差，然后用误差信号反向传播过程优化各层间的连接参数，即

$$E_{\mathrm{BP}} = \frac{1}{2} \| X_{r0} - X_r \|^2 \tag{2.5.6}$$

2.6 深层神经网络

DNN 是一种深层神经网络，可以通过堆叠多个自动编码器来简单地构建[4]。

每一层自动编码器相当于一个简单的 ANN。自动编码器训练的目标是使输出信号等于输入信号，这是一种重构输入的方式，通过调整网络参数，得到每一层中的权重和偏置参数。网络训练好之后，隐藏层的输出可以看作输入数据的一种再现。自动编码器需要通过训练不断调整网络参数，使网络能够表征输入数据中最重要的部分，找到输入数据另一种更高层次的表示，即抽取到的输入数据特征能代表原始输入数据。DNN 由多个自动编码器堆叠而成，能够有效消除数据中的冗余信息，提高学习数据本质特征的效率。DNN 先通过无监督的预学习算法粗略地逐层抽取特征，再进行有监督地微调所有的网络参数。实际上，DNN 是通过多层非线性变换，将低级特征组合在一起形成更抽象的高级特征。这种方法能够自动提取数据中潜在的有用特征。然后，通过监督学习对 DNN 进行微调，以优化特征提取网络参数。DNN 的训练机制有利于有效挖掘机械设备振动信号中包含的故障特征。多个自动编码器堆叠成的 DNN 模型如图 2-3 所示。

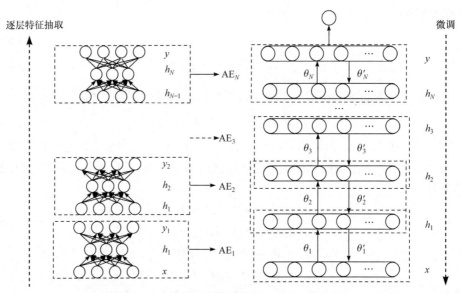

图 2-3　多个自动编码器堆叠成的 DNN 模型

1. 自动编码器

自动编码器网络是由输入层、隐藏层和输出层组成的三层无监督神经网络。自动编码器包括编码网络和解码网络两部分，其中输入层和隐藏层之间的连接称为编码网络，隐藏层和输出层之间的连接称为解码网络。如图 2-4 所示，期望的输出等于输入。自动编码器可以通过编码网络将输入数据转换到更抽象的特征空间，并且编码矢量也可以通过解码网络转换到输入数据空间。由于输入信号可以在输出层重构出来，因此编码矢量可以视为输入数据的一种特征表示。

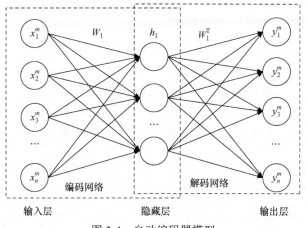

图 2-4 自动编码器模型

给定一个带标签的数据集 $x = \{x_1, x_2, \cdots, x_R\}$，其中 R 是 DNN 第一层自动编码器的输入神经元个数。编码过程为

$$h = f_{\theta_1}(x) = \sigma(W_1 x + b_1) \tag{2.6.1}$$

其中，σ 为编码网络的激活函数；f_{θ_1} 为 x 与 h 的非线性函数。

本节选择 Sigmoid 激活函数，即

$$\sigma(z) = \frac{1}{1 + e^{-z}} \tag{2.6.2}$$

其中，W_1 为第一层自动编码器 AE_1 编码网络的权值矩阵，即输入层与隐藏层之间的权值矩阵；b_1 为编码网络中的偏置向量；$\theta_1 = \{W_1, b_1\}$ 为权重和偏置组合在一起的连接参数。

解码网络是编码网络的反过程，即将编码网络中隐藏层的输出 h 作为解码网络的输入，编码网络的输入作为解码网络的期望输出，即

$$y = g_{\theta_1^T}(h) = \sigma(W_1^T h + d) \tag{2.6.3}$$

其中，g_{θ^T} 为解码网络的激活函数；W^T 为解码网络的权值矩阵；d 为编码网络的偏置；下标 1 代表第一层自动编码器网络。

自动编码器的训练过程就是通过最小化重构误差 $J_{(\theta, \theta^T)}(x, y; W, b)$ 来优化网络参数 $\theta = \{W, b\}$，使输出尽可能地逼近输入。网络的重构误差计算方法为

$$J(x, y; W, b) = \frac{1}{m} \| y - x \|^2 \tag{2.6.4}$$

网络是通过梯度下降法进行参数更新的，即更新编码网络的参数 θ 和解码网

络的参数 θ^{T} ，更新过程为

$$W_{1,l+1} = W_{1,l} - \alpha \frac{\partial}{\partial W} J(x,y;W,b), \quad l = 1,2,\cdots,L \tag{2.6.5}$$

$$b_{1,l} = b_{1,l} - \alpha \frac{\partial}{\partial b} J(x,y;W,b), \quad l = 1,2,\cdots,L \tag{2.6.6}$$

其中， α 为学习率； L 为误差反向传播时的最大传播层数； $\frac{\partial}{\partial W} J_{(\theta,\theta^{\mathrm{T}})}(x,y;W,b)$ 和 $\frac{\partial}{\partial b} J_{(\theta,\theta^{\mathrm{T}})}(x,y;W,b)$ 为梯度方向。

2. DNN 训练

基于 DNN 的分类模型(图 2-5)使用无监督的逐层训练算法进行预训练。对无标签的输入数据进行编码，同时将解码网络的期望输出也设置为输入。通过误差 BP 算法来训练第一个自动编码器 AE_1 ，得到编码矢量 h_1 和参数 $\theta_1 = \{W_1,b_1\}$ ，其中 h_1 为第一个自动编码器隐藏层的输出，然后将抽取到的第一个特征 h_1 作为第二个自动编码网络 AE_2 的输入。然后，训练得到 AE_2 的编码矢量 h_2 和网络参数 $\theta_2 = \{W_2,b_2\}$ ， h_2 即训练得到的输入数据的更高层次的特征表示。逐层进行上述过程，得到最顶层自动编码器 AE_N 抽取到的特征 h_N ，以及网络的模型参数 $\theta_N = \{W_N,b_N\}$ 。最后，在最后一层编码器后添加一个多分类器，如 Softmax 分类器。训练堆叠自动编码器的过程只是对输入数据的特征提取过程。此时的网络还不具备分类的功能，为了实现分类功能，还需要在 DNN 的顶层添加一个 Softmax 分类器。

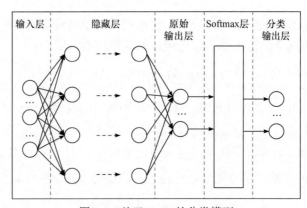

图 2-5 基于 DNN 的分类模型

将 DNN 抽取的特征 h_N 作为 Softmax 分类器的输入，标签数据集 $\{1,2,\cdots,S\}$ 作

为 Softmax 分类器的输出，给定 j 时刻的观测样本 $x(j) = [x_1(j), x_2(j), \cdots, x_R(j)]^{\mathrm{T}}$ 作为 DNN 的输入，获取第 N 层的特征 $h_N(j)$，然后用它作为已经训练好的 Softmax 分类器的输入，得到输入数据 $x(j)$ 的分类结果，即

$$\text{label}(j) = \arg\max_{j=1,2,\cdots,S}\{p(\text{label}(j)=s \mid x(j);\phi)\} \tag{2.6.7}$$

$$h_\phi(x(j)) = \begin{bmatrix} p(\text{label}(j)=1 \mid x(j);\phi) \\ p(\text{label}(j)=2 \mid x(j);\phi) \\ \vdots \\ p(\text{label}(j)=S \mid x(j);\phi) \end{bmatrix} = \frac{1}{\sum_{s=1}^{S} e^{\phi_s^{\mathrm{T}} x(j)}} \begin{bmatrix} e^{\phi_1^{\mathrm{T}} x(j)} \\ e^{\phi_2^{\mathrm{T}} x(j)} \\ \vdots \\ e^{\phi_S^{\mathrm{T}} x(j)} \end{bmatrix} \tag{2.6.8}$$

其中，$p(\text{label}(j)=s \mid x(j);\phi)$ 为最大似然函数 $h_\phi(x_j)$ 的第 s 个参数；$\phi = [\phi_1, \phi_2, \cdots, \phi_S]$ 为 Softmax 分类器的模型参数，通过最小化代价函数进行优化，代价函数为

$$J(\phi) = -\frac{1}{M}\left(\sum_{j=1}^{M}\sum_{s=1}^{S} \text{fL}\{\text{label}(j)=s\}\log\frac{e^{\phi_s^{\mathrm{T}} x(j)}}{\sum_{s=1}^{S} e^{\phi_s^{\mathrm{T}} x(j)}}\right) \tag{2.6.9}$$

其中，$\text{fL}\{\cdot\}$ 为示性函数。

最后，全局微调 DNN 的网络参数，将 Softmax 分类器添加到 DNN 的顶层，已知观测样本的标签被用到 DNN 的反向微调中。参数反向微调过程就是参数更新的过程，计算方法为

$$\phi = \phi - \alpha\frac{\partial E(\phi)}{\partial \phi} \tag{2.6.10}$$

$$E(\phi) = \min\frac{1}{M}\sum J(\phi \mid h_N; L; \theta) \tag{2.6.11}$$

其中，L 为已知的标签数据集；α 为反向微调过程的学习率；θ 为 Softmax 分类器的模型参数。

2.7　卷积神经网络

CNN 是一种特殊的前馈神经网络模型，擅长处理大型图像的相关机器学习问题[5]。典型的 CNN 一般由输入层、卷积层、池化层、全连接层、输出层组成，如图 2-6 所示。

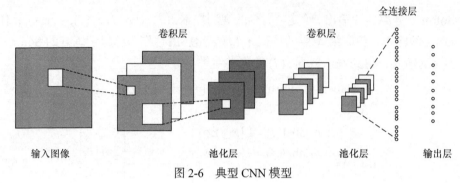

图 2-6 典型 CNN 模型

CNN 的输入通常为原始图像 X_{pic}，用 $h_{\text{CNN},i}$ 表示 CNN 第 i 层的特征，且 $h_{\text{CNN}_{(0)}} = X_{\text{pic}}$，则

$$h_{\text{CNN},i} = g(h_{\text{CNN},i-1} \otimes W_{\text{CNN}_i} + b_{\text{CNN}_i}) \tag{2.7.1}$$

其中，W_{CNN_i} 为第 i 层卷积核。

对卷积层输出结果与第 i 层的偏置 b_{CNN_i} 求和，经过激活函数 $g(z)$ 获得第 i 层的特征图输出 $h_{\text{CNN},i}$。通常在卷积层后连接池化层，可以降低特征图的维度。

在 CNN 中，常使用 ReLU 激活函数取代 Sigmoid 激活函数，其表达式为

$$g(z) = \max(0, z) \tag{2.7.2}$$

假定 $x(i,j)$ 是输入 X_{pic} 的第 i 行第 j 列的像素值，对大小为 $M \times M$ 的特征图权重进行编号，用 $\omega(m,n)$ 表示第 m 行第 n 列的权重，用 ω_b 表示卷积核的偏置项，用 $a(i,j)$ 表示特征图第 i 行第 j 列的元素，卷积的计算过程为

$$a(i,j) = g\left(\sum_{m=1}^{M} \sum_{n=1}^{M} \omega(m,n) x(i+m, j+n) + \omega_b \right) \tag{2.7.3}$$

卷积运算后，特征图的大小为

$$\text{Width} = (\text{Width}_0 - F + 2P_{\text{zero}})/S_t + 1 \tag{2.7.4}$$

$$\text{Height} = (\text{Height}_0 - F + 2P_{\text{zero}})/S_t + 1 \tag{2.7.5}$$

其中，Width 为卷积运算后特征图的宽度；Width_0 为卷积前图像的宽度；F 为卷积核的宽度；S_t 为步长；P_{zero} 为输入图像周围补 0 的圈数；Height 为卷积后特征图的高度；Height_0 为原始图像的高度。

卷积层之后是池化层。池化运算的目的是进一步减少参数数量。池化的方法有很多种，常用的是最大池化。最大池化记录每次池化的核移动步长 S_t 后所在区域的最大值，并将最大值作为池化后的值。经过两次卷积池化运算后，将池化层

展开成一维向量与全连接层相连。为了实现分类功能, 全连接层后还需在 CNN 的输出层后添加 Softmax 分类器。

2.8 生成对抗网络

Goodfellow 等于 2014 年提出 GAN。该网络是一种无监督的数据生成模型[6]。GAN 的结构框架包含一个生成器模型与一个判别器模型。其结构如图 2-7 所示。生成器用于从特定空间生成与训练样本具有相同分布的新样本, 而判别器用于识别输入与新样本的不一致性, 其中的样本是由生成器生成的新样本。在训练的过程中, 两个神经网络模型以相互博弈的方式交替训练, 优化两个网络的参数。当两个模型处于纳什均衡时, 训练结束。

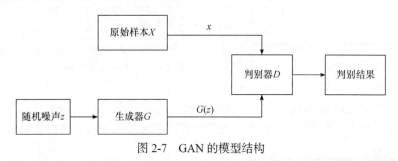

图 2-7   GAN 的模型结构

在训练过程中, 首先固定生成器的网络参数, 训练判别器。对于一个由简单的三层前向神经网络构建的生成器而言, 其生成样本的过程为

$$h_z = f_{\theta_{G1}}(Z) = \sigma(W_{G1}Z + b_{G1}) \tag{2.8.1}$$

$$X_{\text{fake}} = f_{\theta_{G2}}(h_z) = \sigma(W_{G2}h_z + b_{G2}) \tag{2.8.2}$$

其中, Z 为从高斯噪声中随机采样得到的生成器的输入; h_z 为生成器隐藏层的编码向量; X_{fake} 为生成器生成的伪样本; θ_{G1}、θ_{G2} 为生成网络中连接输入层与隐藏层、隐藏层与输出层的网络参数集合, $\theta_{G1} = \{W_{G1}, b_{G1}\}$, $\theta_{G2} = \{W_{G2}, b_{G2}\}$; σ 为 Sigmoid 激活函数。

判别器的目的是尽可能将原始样本判别为 1, 生成器生成的样本判别为 0。因此, 需要对进入判别器的输入设置真实性标签, 可以利用式(2.8.3)将样本 X_{fake} 标签设置为 0, 将原始样本 X_{real} 设置为 1, 即

$$\begin{cases} \text{label}_{X_{\text{real}}} = 1 \\ \text{label}_{X_{\text{fake}}} = 0 \end{cases} \tag{2.8.3}$$

同样，对于一个由简单三层前向神经网络构建的判别器而言，具体判别过程为

$$h_d = f_{\theta_{D1}}(X) = \sigma_2(W_{D1}X + b_{D1}) \tag{2.8.4}$$

$$d = f_{\theta_{D2}}(h_d) = \sigma_2(W_{D2}h_d + b_{D2}) \tag{2.8.5}$$

其中，X 为判别器的输入；d 为判别器的判别结果；θ_{D1}、θ_{D2} 为判别网络中连接输入层与隐藏层、隐藏层与输出层的网络参数集合，$\theta_{D1} = \{W_{D1}, b_{D1}\}$，$\theta_{D2} = \{W_{D2}, b_{D2}\}$；$W_{D1}$ 和 W_{D2} 是权重矩阵；b_{D1} 和 b_{D2} 是偏置向量；σ 是 Sigmoid 激活函数。

将原始样本 X_{real} 和生成器生成的伪样本 X_{fake} 输入判别网络，可以得到真实判断的结果 d_{real} 和 d_{fake}。通过最小化判别器的交叉熵代价函数可以实现判别器的网络参数优化。其代价函数为

$$L_d = -\left(\frac{1}{K}\sum_{k=1}^{K}\log d_{\text{real}} + \frac{1}{J}\sum_{j=1}^{J}\log(1 - d_{\text{fake}}) \right) \tag{2.8.6}$$

其中，K 为真实训练样本 X_{real} 的数量；J 为伪样本 X_{fake} 的数量。

这里同样使用梯度下降法，通过最小化 L_d 实现对判别网络的参数优化。

在训练一定次数的判别器后，使其具有一定的判别能力，接着固定判别器的参数训练生成器。同样，通过最小化损失函数实现对生成器网络的参数优化。其损失函数为

$$L_g = -\frac{1}{J}\sum_{j=1}^{J}\log d_{\text{fake}} \tag{2.8.7}$$

重复上述过程，通过交替训练判别器和生成器，使其达到纳什均衡，提高生成器生成样本的能力，以及判别器的判别能力。

2.9 本 章 小 结

本章首先介绍传统 PCA 的原理，给出基于 PCA 异常检测的实现步骤。针对 PCA 不能实现多故障诊断的问题，介绍多变量统计特征抽取方法 DCA。DCA 将观测数据投影到指定模式得到指定元，指定模式根据故障和征兆之间的关系定义，物理意义明确。然后，对小波滤波的原理进行介绍。最后，介绍常用的机器学习方法及训练过程。

参 考 文 献

[1] 周福娜. 基于统计特征提取的多故障诊断方法及应用研究. 上海: 上海海事大学, 2004.

[2] 周福娜. 多传感器数据融合与线性逆问题的多尺度求解方法. 开封: 河南大学, 2004.

[3] 高育林. 基于深度学习的故障诊断及剩余寿命预测. 开封: 河南大学, 2018.

[4] 胡坡. 基于改进深度学习的故障预测维护关键问题研究. 开封: 河南大学, 2019.

[5] 何一帆. 基于多源异构数据融合的深度学习故障诊断. 开封: 河南大学, 2019.

[6] 杨帅. 基于数据生成模型的故障诊断与 RUL 预测方法研究. 开封: 河南大学, 2020.

第 3 章　基于统计特征提取的故障检测方法

MSPCA 将 PCA 与小波变换相结合,可以更好地提取不同频率类故障呈现出的多尺度特性,但是 MSPCA 的理论基础研究尚不完善,没有分析其改进传统 PCA 检测性能的机理。

RPCA 可以克服多变量量纲引起的关键主元难以选取和所选主元代表性不强的问题。MSPCA 结合了小波变换的近似解相关性和局部分析特性,可以方便地检测出发生在不同尺度上的故障。本章从协方差矩阵的谱分解和谱的多尺度表示开展 MSPCA 的有关理论研究,提出一种拟 MSPCA 方法,仅用一个主元模型实现多尺度滤波过程,并将其与 RPCA 的思想相结合,提出一种拟多尺度相对主元分析(multiscale RPCA,MSRPCA)故障检测方法。该方法既能实现多尺度故障检测,又能避免基于 PCA 的方法去量纲引起的关键主元难以选取的不足[1,2]。

3.1　拟多尺度主元分析理论及故障检测应用

3.1.1　故障的多尺度特性分析

DWT 可以把信号各尺度上的细节(特征信号)提取出来。在实际系统运行过程中,不同时频范围内常伴有不同频率类故障出现的现象。图 3-1 所示为一个拟合而成的观测信号,它同时受到噪声、恒偏差、缓变、突变、高频正弦等几种类型故障的干扰。对不同类型故障的信号做 DWT 后可以使不同类型的故障信号特征在不同尺度上体现出来。

信号小波分解示意图如图 3-2 所示。合成信号中的恒偏差和缓变故障干扰主要由第 4 层、第 5 层的细节和第 5 层的平滑信号呈现;突变故障和高频正弦故障主要在第一层的细节信号中呈现,部分在第 2 层的细节信号中呈现,少量在第三层的细节信号中呈现。待检测信号中的恒偏差和缓变故障主要由粗尺度上的细节信号或平滑信号呈现,突变与高频正弦故障主要由细尺度上的细节信号呈现。

MSPCA 将 PCA 去变量间相关性的能力,以及小波变换提取变量局部特征和近似解相关性的能力综合起来,可以更有效地进行多变量统计特征提取[2]。图 3-3 所示为 MSPCA 的基本思想。

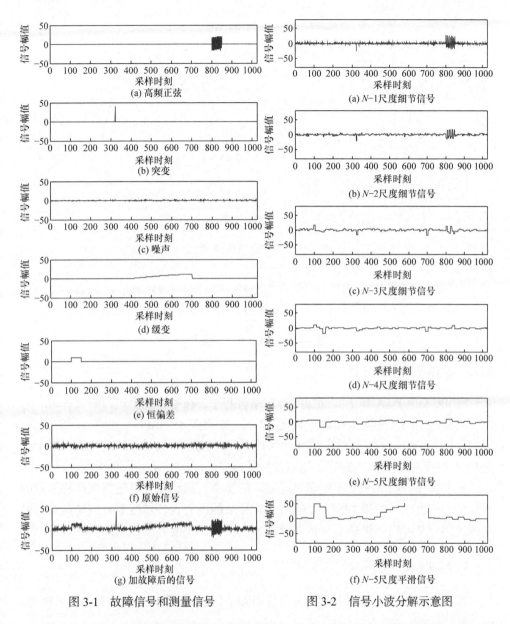

图 3-1 故障信号和测量信号　　图 3-2 信号小波分解示意图

在各尺度上对小波变换系数阈值处理是一个多尺度滤波过程，因此 MSPCA 的方法框图如图 3-4 所示。

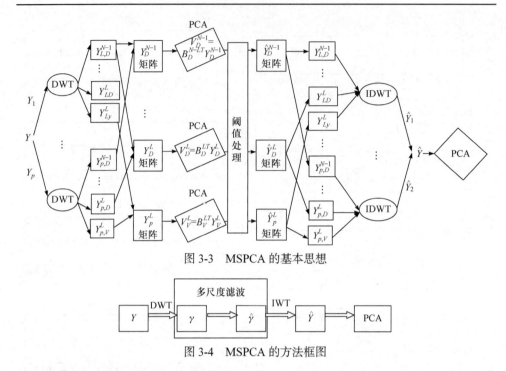

图 3-3 MSPCA 的基本思想

图 3-4 MSPCA 的方法框图

3.1.2 拟多尺度主元分析

MSPCA 把 PCA 和小波变换的思想结合起来，在各尺度上进行特征提取，可以提高检测不同频率类故障的灵敏度。但是，现有关于 MSPCA 故障检测的文献，很少分析 MSPCA 的检测性能优于单尺度 PCA 的原因。此外，通过在各尺度上建立 PCA 模型实现多尺度滤波，提取的特征方向之间的关系也不明确。

本节首先分析 MSPCA 中多尺度滤波的实质，然后在可以达到同样滤波目的的前提下，提出一种拟 MSPCA 方法。这样既能避免在各尺度上分别建立主元模型的烦琐，又可以从机理上分析多尺度方法优于单尺度方法的原因。

1. MSPCA 的自适应检测本质

若在多尺度滤波过程中没有丢失任何细节信息，则重构后的数据 $\hat{Y}$ 为 Y 本身，即

$$Y = YW_Y^{\mathrm{T}}W_Y = YG_1^{\mathrm{T}}G_1 + YG_2^{\mathrm{T}}G_2 + \cdots + YG_L^{\mathrm{T}}G_L + YH_L^{\mathrm{T}}H_L = \hat{Y} \tag{3.1.1}$$

设经多尺度滤波后的数据包含 $j_s \in \{N-1, N-2, \cdots, L\}$ 尺度上的细节和最粗尺度的平滑，则

$$\hat{Y} = \sum_{j=N-1}^{\bar{L}} \tau_j Y G_j^{\mathrm{T}} G_j$$
$$= Y G_{j_1}^{\mathrm{T}} G_{j_1} + Y G_{j_2}^{\mathrm{T}} G_{j_2} + \cdots + Y G_{j_S}^{\mathrm{T}} G_{j_S} + Y H_L^{\mathrm{T}} H_L \qquad (3.1.2)$$

其中

$$\tau_j = \begin{cases} 1, & \text{SPE}(k)\text{超出 }j\text{尺度检测的控制限} \\ 0, & \text{其他} \end{cases} \qquad (3.1.3)$$

记 $\Omega = \{1, 2, \cdots, L\}/\{j_s \mid s = 1, 2, \cdots, S\}$ ，则

$$\hat{Y} = Y - \sum_{j_t \in \Omega} Y G_{j_t}^{\mathrm{T}} G_{j_t} \qquad (3.1.4)$$

式(3.1.4)表明，经小波逆变换重构后，建立 PCA 模型所用的数据和故障检测的在线数据都是经过滤波处理滤除 j_t 尺度上非显著随机变化信号后的"滤波"数据。MSPCA 在多尺度分解和重构的过程中对数据进行滤波处理，所以在观测数据包含噪声或其他随机干扰的情况下，MSPCA 的检测能力优于单尺度 PCA。

事实上，若小波变换的时间窗内只包含某种频率类型的故障，则式(3.1.2)意味着用该尺度上的细节和最粗尺度的平滑重构时域数据，再建立 PCA 模型。这个过程相当于滤除其他尺度上的信息后，仅对该尺度上的数据信息建立 PCA 模型。对于小波变换的下一时间窗，若包含另一种频率类型的故障，则建立的 PCA 模型也是相应频率上数据信息的检测模型。因此，MSPCA 可以看作自适应检测模型。

引例 3.1.1　多变量观测数据 $y(k) = \left[y_1(k), y_2(k), y_3(k), y_4(k)\right]^{\mathrm{T}}$ 在 MATLAB 中的生成形式为

$$y_1(k) = \text{randn}(1), \quad k = 1, 2, \cdots, 1024 \qquad (3.1.5)$$

$$y_2(k) = \text{randn}(1), \quad k = 1, 2, \cdots, 1024 \qquad (3.1.6)$$

$$y_3(k) = (y_1(k) + y_2(k))/\sqrt{2} + 0.6\text{randn}(1), \quad k = 1, 2, \cdots, 1024 \qquad (3.1.7)$$

$$y_4(k) = (y_1(k) - y_2(k))/\sqrt{2} + 0.8\text{randn}(1), \quad k = 1, 2, \cdots, 1024 \qquad (3.1.8)$$

在第一个长度为 1024 的时间窗内发生缓变故障，第二个长度为 1024 的时间窗内发生高频正弦故障。缓变故障信号和高频正弦故障信号如图 3-5 和图 3-6 所示。

图 3-7 和图 3-8 给出了在第一时间窗内 PCA 和 MSPCA 的 SPE 图。不难发现，MSPCA 的漏检率明显降低。

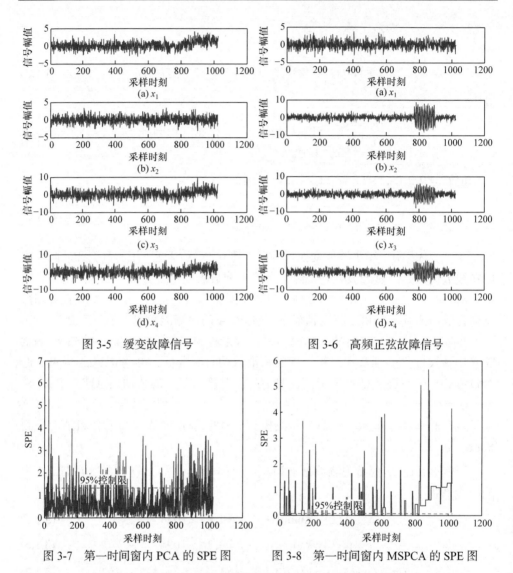

图 3-5　缓变故障信号　　　　　　　图 3-6　高频正弦故障信号

图 3-7　第一时间窗内 PCA 的 SPE 图　　图 3-8　第一时间窗内 MSPCA 的 SPE 图

图 3-9 和图 3-10 给出了在第二时间窗内 PCA 和 MSPCA 的 SPE 图。

将第一和第二时间窗内 MSPCA 的 SPE 曲线画在同一幅图中，如图 3-11 所示。两个时间窗内的控制限如图 3-12 所示。

由图 3-8 可以看出，MSPCA 通过多尺度滤波，根据发生故障的频率，自适应地建立重构数据的 PCA 模型进行故障检测。在系统发生故障的情况下，检测效果更好，即漏检的可能性会明显减少。

更一般地，若 $j_s \in \{N-1, N-2, \cdots, L\}$ 尺度上的细节数据提供有用信息，则可以采用式(3.1.2)重构滤波后的数据 $\hat{Y}_0$，并基于 $\hat{Y}_0$ 建立相应的时域 PCA 模型。

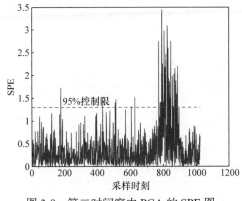

图 3-9 第二时间窗内 PCA 的 SPE 图　　　图 3-10 第二时间窗内 MSPCA 的 SPE 图

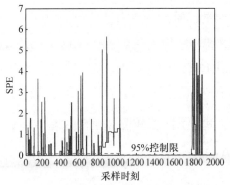

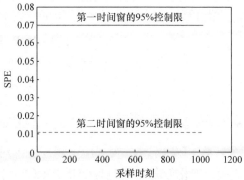

图 3-11 两个窗内 MSPCA 的 SPE 图　　　图 3-12 两个时间窗内的控制限

2. 拟 MSPCA

MSPCA 在进行多尺度滤波时，对各尺度上的细节或平滑系数矩阵分别建立 PCA 模型，但是会造成计算量的浪费。

本节从矩阵的谱分解理论和多尺度表示理论出发，给出一种改进的拟 MSPCA 方法，仅用一个 PCA 模型实现 MSPCA 的多尺度滤波过程，并对各尺度上 PCA 的检测能力进行分析。

定理 3.1.1(PCA 与谱分解的关系定理)　对观测数据阵 Y 做 PCA 相当于对其协方差阵 Σ_Y 进行谱分解，分解的系数(谱 λ_i)反映 B_i 对过程变化的贡献。

证明：由 PCA 的定义可知，观测数据阵 Y 关于主元的分解式为

$$Y = BV = \sum_{i=1}^{p} B_i V_i \tag{3.1.9}$$

由 B 是标准正交矩阵，可知

$$B_i B_{i'} = \delta_{ii'} \tag{3.1.10}$$

$$
\begin{aligned}
\Sigma_Y &= \frac{1}{n} Y Y^{\mathrm{T}} \\
&= \frac{1}{n} \sum_{i=1}^{p} B_i V_i \left(\sum_{i=1}^{p} B_i V_i \right)^{\mathrm{T}} \\
&= \sum_{i=1}^{p} B_i \frac{1}{n} V_i V_i^{\mathrm{T}} B_i^{\mathrm{T}} \\
&= \sum_{i=1}^{p} B_i \lambda_i B_i^{\mathrm{T}} \\
&= \sum_{i=1}^{p} \lambda_i B_i B_i^{\mathrm{T}}
\end{aligned}
\tag{3.1.11}
$$

由 PCA 的原理知，B_i 是 Σ_Y 的右特征向量，即

$$\Sigma_Y B_i = \lambda_i B_i \tag{3.1.12}$$

由于协方差阵 Σ_Y 是对称矩阵，将式(3.1.12)转置可得

$$B_i^{\mathrm{T}} \Sigma_Y = \lambda_i B_i^{\mathrm{T}} \tag{3.1.13}$$

从而 B_i^{T} 是 Σ_Y 的左特征向量。进一步可知，式(3.1.11)是矩阵 Σ_Y 的谱分解。　■

$$\lambda_i = \mathrm{var}(v_i) \tag{3.1.14}$$

刻画该变化方向 B_i 对过程变化贡献的大小。

对正常观测数据 Y_0 做 PCA，并建立系统正常运行情况下的 PCA 模型，即

$$Y_0 = \sum_{i=1}^{p} B_i V_{0i} = \sum_{i=1}^{v} B_i V_{0i} + E_0 \tag{3.1.15}$$

由于正常数据的变化都是随机因素引起的，因此 Y_0 的载荷向量 B_i 主要刻画随机因素决定的变化方向。

将 Y_0 分解到各尺度后，细节或平滑数据中的变化也是随机因素引起的。所以，将正常数据阵进行多尺度分解后向最细尺度上 PCA 模型的主元空间和残差空间分别进行投影后得到的统计量 T^2 或 SPE 可能都在控制限内。

当系统发生异常情况时，会产生确定性变化的故障信号。新的观测数据 Y 在各尺度上的细节或平滑数据阵向式(3.1.15)表示的最细尺度 PCA 模型的主元空间和残差空间投影，称为拟 PCA。所得统计量 T^2 或 SPE 都可能超出控制限。图 3-13 所示为拟 MSPCA 分析的基本思想。

定理 3.1.2(谱的多尺度表示定理)　经过拟 MSPCA 分解，最细尺度上的谱 λ_i 被分解到各尺度上，从而最细尺度上的载荷向量 B_i 对系统变化的贡献率可以表示

为 B_i 对 $j(j=N-1,\cdots,L)$ 尺度上细节(平滑)数据贡献率的加权和。

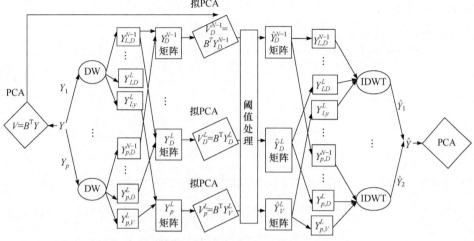

图 3-13　拟 MSPCA 分析的基本思想

证明：由 $W^{\mathrm{T}}W=I$ 可知

$$\lambda_i=\frac{1}{n}V_iV_i^{\mathrm{T}}$$

$$=\frac{1}{n}B_i^{\mathrm{T}}Y_0\cdot Y_0^{\mathrm{T}}B_i$$

$$=\frac{1}{n}B_i^{\mathrm{T}}Y_0W^{\mathrm{T}}WY_0^{\mathrm{T}}B_i$$

$$=\frac{1}{n}B_i^{\mathrm{T}}Y_0(G_1^{\mathrm{T}}G_1+G_2^{\mathrm{T}}G_2+\cdots+G_L^{\mathrm{T}}G_L+H_L^{\mathrm{T}}H_L)Y_0^{\mathrm{T}}B_i$$

$$=\frac{1}{n}\left(B_i^{\mathrm{T}}Y_0G_1^{\mathrm{T}}G_1Y_0^{\mathrm{T}}B_i+B_i^{\mathrm{T}}Y_0G_2^{\mathrm{T}}G_2Y_0^{\mathrm{T}}B_i+\cdots+B_i^{\mathrm{T}}Y_0G_L^{\mathrm{T}}G_LY_0^{\mathrm{T}}B_i+B_i^{\mathrm{T}}Y_0H_L^{\mathrm{T}}H_LY_0^{\mathrm{T}}B_i\right)$$

$$=\frac{1}{n}\Big[B_i^{\mathrm{T}}(Y_0G_1^{\mathrm{T}})(Y_0G_1^{\mathrm{T}})^{\mathrm{T}}B_i+B_i^{\mathrm{T}}(Y_0G_2^{\mathrm{T}})(Y_0G_2^{\mathrm{T}})^{\mathrm{T}}B_i+\cdots$$

$$+B_i^{\mathrm{T}}(Y_0G_L^{\mathrm{T}})(Y_0G_L^{\mathrm{T}})^{\mathrm{T}}B_i+B_i^{\mathrm{T}}(Y_0H_L^{\mathrm{T}})(Y_0H_L^{\mathrm{T}})^{\mathrm{T}}B_i\Big]$$

$$=\frac{1}{n}B_i^{\mathrm{T}}Y_{0D}^{(1)}(Y_{0D}^{(1)})^{\mathrm{T}}B_i+\frac{1}{n}B_i^{\mathrm{T}}Y_{0D}^{(2)}(Y_{0D}^{(2)})^{\mathrm{T}}B_i+\cdots+\frac{1}{n}B_i^{\mathrm{T}}Y_{0D}^{(L)}(Y_{0D}^{(L)})^{\mathrm{T}}B_i$$

$$+\frac{1}{n}B_i^{\mathrm{T}}Y_{0H}^{(L)}(Y_{0H}^{(L)})^{\mathrm{T}}B_i$$

$$=\frac{1}{2}\lambda_i^{(1)}+\frac{1}{2^2}\lambda_i^{(2)}+\cdots+\frac{1}{2^L}\lambda_i^{(L)}+\frac{1}{2^L}\lambda_i^{(\overline{L})}$$

$$\tag{3.1.16}$$
■

当 j 尺度上发生故障时，B_i 对 j 尺度上新观测数据 $Y_D^{(j)}$ 的贡献率会发生变化，即原来的 PCA 模型不再适合新数据，相应的统计量 SPE 或 T^2 可能超出控制限，从而判定 j 尺度上的小波系数包含有用故障信息。

由观测数据阵 Y 的主元分解式可知

$$Y = BV \tag{3.1.17}$$

从而

$$YW^{\mathrm{T}} = BVW^{\mathrm{T}} \tag{3.1.18}$$

即

$$\left[YG_1^{\mathrm{T}} \quad YG_2^{\mathrm{T}} \quad \cdots \quad YG_L^{\mathrm{T}} \quad YH_L^{\mathrm{T}} \right] = B\left[VG_1^{\mathrm{T}} \quad VG_2^{\mathrm{T}} \quad \cdots \quad VG_L^{\mathrm{T}} \quad VH_L^{\mathrm{T}} \right] \tag{3.1.19}$$

$$YG_j^{\mathrm{T}} = BVG_j^{\mathrm{T}} \tag{3.1.20}$$

因此，各尺度上的拟得分矩阵 VG_j^{T} 是 Y 的得分矩阵 V 在各尺度上的小波变换系数构成的矩阵。

定理 3.1.3(协方差矩阵的多尺度分解定理) 记 j 尺度上第 i 个拟主元对应得分向量的方差为 $\lambda_i^{(j)}$，则在拟 MSPCA 框架下，也可以得到协方差矩阵的多尺度分解式。

证明：由两个不相关随机变量的观测样本的线性组合也是不相关的随机变量可知

$$\begin{aligned}
\Sigma_{Y_0} &= \frac{1}{n} Y_0 Y_0^{\mathrm{T}} \\
&= \frac{1}{n} Y_0 W^{\mathrm{T}} W Y_0^{\mathrm{T}} \\
&= \frac{1}{n} Y_0 (G_1^{\mathrm{T}} G_1 + G_2^{\mathrm{T}} G_2 + \cdots + G_L^{\mathrm{T}} G_L + H_L^{\mathrm{T}} H_L) Y_0^{\mathrm{T}} \\
&= \frac{1}{n} \sum_{i=1}^{p} B_i V_{0i} G_1^{\mathrm{T}} G_1 \left(\sum_{i=1}^{p} B_i V_{0i} \right)^{\mathrm{T}} + \cdots + \frac{1}{n} \sum_{i=1}^{p} B_i V_{0i} G_L^{\mathrm{T}} G_L \left(\sum_{i=1}^{p} B_i V_{0i} \right)^{\mathrm{T}} \\
&\quad + \frac{1}{n} \sum_{i=1}^{p} B_i V_{0i} H_L^{\mathrm{T}} H_L \left(\sum_{i=1}^{p} B_i V_{0i} \right)^{\mathrm{T}} \\
&= \frac{1}{n} \sum_{i=1}^{p} B_i V_{0i} G_1^{\mathrm{T}} G_1 (B_i V_{0i})^{\mathrm{T}} + \cdots + \frac{1}{n} \sum_{i=1}^{p} B_i V_{0i} G_L^{\mathrm{T}} G_L (B_i V_{0i})^{\mathrm{T}} \\
&\quad + \frac{1}{n} \sum_{i=1}^{p} B_i V_{0i} H_L^{\mathrm{T}} H_L (B_i V_{0i})^{\mathrm{T}}
\end{aligned}$$

$$= \sum_{i=1}^{p} B_i \frac{1}{n} (V_{0i} G_1^{\mathrm{T}})(V_{0i} G_1^{\mathrm{T}})^{\mathrm{T}} B_i^{\mathrm{T}} + \cdots + \sum_{i=1}^{p} B_i \frac{1}{n} (V_{0i} G_L^{\mathrm{T}})(V_{0i} G_L^{\mathrm{T}})^{\mathrm{T}} B_i^{\mathrm{T}}$$

$$+ \sum_{i=1}^{p} B_i \frac{1}{n} (V_{0i} H_L^{\mathrm{T}})(V_{0i} H_L^{\mathrm{T}})^{\mathrm{T}} B_i^{\mathrm{T}}$$

$$= \sum_{i=1}^{p} B_i \frac{1}{2} \lambda_{0i}^{(1)} B_i^{\mathrm{T}} + \cdots + \sum_{i=1}^{p} B_i \frac{1}{2^L} \lambda_{0i}^{(L)} B_i^{\mathrm{T}} + \sum_{i=1}^{p} B_i \frac{1}{2^L} \lambda_{0i}^{(\bar{L})} B_i^{\mathrm{T}}$$

$$= \sum_{j=1}^{L} \sum_{i=1}^{p} \frac{1}{2^j} \lambda_{0i}^{(j)} B_i B_i^{\mathrm{T}} + \sum_{i=1}^{p} \frac{1}{2^L} \lambda_{0i}^{(\bar{L})} B_i B_i^{\mathrm{T}} \tag{3.1.21}$$

■

结论 3.1.1(协方差阵结构变化与故障间的关系)　由于均值为零的正态分布多维随机变量的统计特性完全由其协方差矩阵决定，因此协方差阵的结构变化表明系统发生故障。

3.1.3　拟多尺度主元分析的检测能力分析

拟 MSPCA 首先将各尺度的观测数据向最细尺度 PCA 模型定义的主元空间投影，然后根据各尺度上的拟 PCA 检测结果实现多尺度滤波。

引例 3.1.2　设系统的观测变量为 $y(k) = \left[y_1(k), y_2(k), y_3(k), y_4(k) \right]^{\mathrm{T}}$，其中 y_1 和 y_2 分别由 MATLAB 中的随机数发生器生成，y_3 和 y_4 是 y_1 和 y_2 的线性组合，即

$$y_1(k) = N[0,1], \quad k = 1,2,\cdots,1024 \tag{3.1.22}$$

$$y_2(k) = N[0,1], \quad k = 1,2,\cdots,1024 \tag{3.1.23}$$

$$y_3(k) = (y_1(k) + y_2(k))/\sqrt{2}, \quad k = 1,2,\cdots,1024 \tag{3.1.24}$$

$$y_4(k) = (y_1(k) - y_2(k))/\sqrt{2}, \quad k = 1,2,\cdots,1024 \tag{3.1.25}$$

在采集正常的工况下，$n = 1024$ 个样本作为建模数据 Y_0。在第 1 个和第 2 个变量上分别加入不同频率的多类故障以生成在线观测数据，即 y_1 的 257~384 个采样时刻段加上幅值为 1 的恒偏差故障，y_1 的 769~1024 采样区间加上低频缓变故障；y_2 的 513~520 采样时刻加上突变故障，y_2 的 769~896 采样时刻加上高频正弦故障。采用 Haar 小波多尺度分解，分解的最粗尺度 $L = 5$。

图 3-14 和图 3-15 给出了引例 3.1.1 所示多变量系统观测数据在各尺度上的细节系数或尺度系数矩阵分别做 MSPCA 和拟 MSPCA 的故障检测结果。

定理 3.1.2 和定理 3.1.3 给出拟 MSPCA 的两个结论，用来分析各尺度上基于拟主元构造的统计量是否包含显著信息的可行性和合理性。

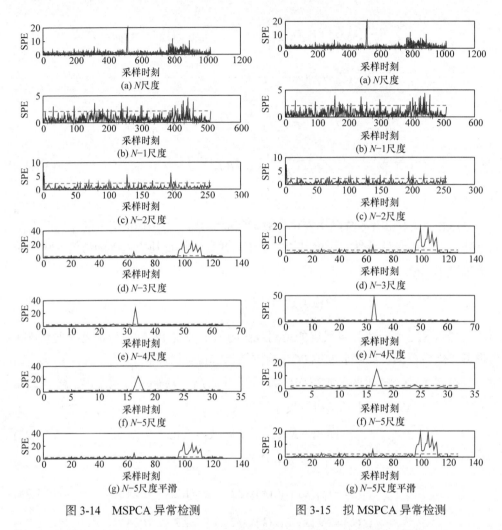

图 3-14　MSPCA 异常检测　　　　　　　图 3-15　拟 MSPCA 异常检测

由定理 3.1.1 可知，协方差矩阵谱分解的形式决定了观测数据阵中包含的变化模式 B_i 的方向，谱 λ_i 体现各 B_i 对过程变化的贡献率。由定理 3.1.2 可知，当 j 尺度上发生故障时，新数据对应的 $\lambda_i^{(j)}$ 发生变化，协方差阵的结构会发生改变。

结论 3.1.1 表明，可以基于 j 尺度上的数据判断系统是否发生故障。

与主元方差类似，拟主元方差可以刻画相应载荷向量表示的变化模式对过程变化的贡献。表 3-1 列出了对引例 3.1.1 的观测数据进行拟 MSPCA 后，各尺度上拟主元的方差。

表 3-1　各尺度上拟主元的方差

最细尺度上的观测矩阵	1 次小波分解的细节矩阵	2 次小波分解的细节矩阵	3 次小波分解的细节矩阵	4 次小波分解的细节矩阵	5 次小波分解的细节矩阵	5 次小波分解的平滑矩阵
$\lambda_1 = 2.3772$	$\lambda_1^{(1)} = 2.25228$	$\lambda_1^{(2)} = 2.7676$	$\lambda_1^{(3)} = 2.3985$	$\lambda_1^{(4)} = 1.9640$	$\lambda_1^{(5)} = 2.4675$	$\overline{\lambda}_1^{(5)} = 1.9981$
$\lambda_2 = 2.2205$	$\lambda_2^{(1)} = 2.1432$	$\lambda_2^{(2)} = 2.2886$	$\lambda_2^{(3)} = 2.5336$	$\lambda_2^{(4)} = 1.8321$	$\lambda_2^{(5)} = 2.8245$	$\overline{\lambda}_2^{(5)} = 1.8879$
$\lambda_3 = 0.2824$	$\lambda_3^{(1)} = 0.2936$	$\lambda_3^{(2)} = 0.2685$	$\lambda_3^{(3)} = 0.2451$	$\lambda_3^{(4)} = 0.2828$	$\lambda_3^{(5)} = 0.3828$	$\overline{\lambda}_3^{(5)} = 0.3132$
$\lambda_4 = 0.1742$	$\lambda_4^{(1)} = 0.1556$	$\lambda_4^{(2)} = 0.1934$	$\lambda_4^{(3)} = 0.1682$	$\lambda_4^{(4)} = 0.2553$	$\lambda_4^{(5)} = 0.2140$	$\overline{\lambda}_4^{(5)} = 0.1404$

可以看出，在拟 MSPCA 框架下，各尺度上拟主元方差的大小顺序会发生变化，即各载荷向量表示的变化模式在不同频带上的显著性可能不同于仅在最细尺度上做单尺度 PCA 的结果。

图 3-16 给出了拟 MSPCA 理论分析结果。由定理 3.1.2 可知，最细尺度上的主元方差是各尺度上拟主元方差的加权和，因此对某一较粗尺度上最显著的变化模式 B_i，经小波重构后，在最细尺度上未必仍然是最显著的。把观测数据转换到多尺度空间后，在各尺度上进行拟 PCA 可以凸显变化模式 B_i，这也是 MSPCA 的检测效果优于单尺度 PCA 的原因。

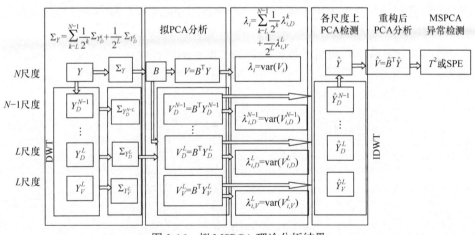

图 3-16　拟 MSPCA 理论分析结果

综上所述，采用拟 MSPCA 方法可以得到与 MSPCA 方法相当的多尺度滤波效果。拟 MSPCA 在进行多尺度滤波时只需建立一个 PCA 模型，所需的计算量明显减少。

3.1.4　拟 MSRPCA 故障检测方法

MSPCA 的异常检测能力优于单尺度 PCA，但是所有基于 PCA 的方法都存在去量纲引起的主元分布均匀问题，RPCA 可以有效地解决该问题。本节将拟 MSPCA 与 RPCA 相结合，建立一种拟 MSRPCA 故障检测方法。

拟 MSRPCA 异常检测方法包括离线 MSRPCA 建模和在线 MSRPCA 检测两部分。

1. 离线 MSRPCA 建模

1) 对正常运行的观测数据做多尺度分解，并建立最细尺度上的 PCA 模型

对最细尺度上采集到的各观测信号 $Y_i^{(N)} \equiv [y_i(1), y_i(2), \cdots, y_i(n)]$ 做离散小波变换，即

$$\gamma_i = Y_i^{(N)} W_Y^{\mathrm{T}}, \quad i = 1, 2, \cdots, p \tag{3.1.26}$$

其中，W_Y 为小波变换算子矩阵；γ_i 为小波变换系数向量，即

$$\gamma_i = \left[(y_{i,D}^{(N-1)})^{\mathrm{T}}, (y_{i,D}^{(N-2)})^{\mathrm{T}}, \cdots, (y_{i,D}^{(L)})^{\mathrm{T}}, (y_{i,V}^{(L)})^{\mathrm{T}} \right]^{\mathrm{T}} \tag{3.1.27}$$

其中，$y_{i,D}^{(L)}$ 为第 i 个变量的观测信号 $y_i^{(N)}$ 在第 L 尺度上的小波变换系数；下标 V 和 D 表示信号在较粗尺度上的平滑和相应的细节部分；N 和 L 为小波分解的最细尺度和最粗尺度。

经小波分解后，观测信号被转换到多尺度空间中，得到的各尺度上的观测数据阵为

$$Y_D^j = \begin{bmatrix} y_{1,D}^j \\ \vdots \\ y_{m,D}^L \end{bmatrix}, \quad j = N-1, N-2, \cdots, L \tag{3.1.28}$$

$$Y_V^L = \begin{bmatrix} y_{1,D}^j \\ \vdots \\ y_{m,V}^L \end{bmatrix} \tag{3.1.29}$$

对 Y_D^j 和 Y_V^L 分别进行相对化变换，即

$$Y_D^{jR} = R Y_D^j, \quad j = N-1, N-2, \cdots, L \tag{3.1.30}$$

$$Y_L^{jR} = R Y_L^j \tag{3.1.31}$$

其中，Y_D^{jR} 为尺度上 j 经相对化变换后的小波变换系数矩阵；R 为相对化变换算子，即

$$R = \begin{bmatrix} r_1 & 0 & \cdots & 0 \\ 0 & r_2 & \cdots & 0 \\ \vdots & \vdots & & \vdots \\ 0 & 0 & \cdots & r_p \end{bmatrix} \tag{3.1.32}$$

其中

$$r_i = \mu_i \omega_i > 0 \tag{3.1.33}$$

先将最细尺度 N 上获得的观测数据阵做小波分解，再对各尺度上的小波变换系数矩阵做相对化变换，与在最细尺度 N 上对观测数据阵做相对化变换，再做小波分解的结果相同。

对相对化变换后的正常观测数据阵 Y_0^R 做 PCA，可建立 N 尺度上的 PCA 模型，即

$$Y_0^R = \sum_{i=1}^p B_i^R V_{0i}^R = \sum_{i=1}^{\upsilon} B_i^R V_{0i}^R + E^R \tag{3.1.34}$$

当假设检验的置信水平为 α 时，N 尺度上 PCA 模型的 SPE 控制限按式(3.1.9)计算。对观测数据做传统小波变换时，j 尺度上的控制限可用与 N 尺度上相同的控制限检测。若对观测数据做在线小波变换(滤波后不做下采样)，则样本总数目增多。为了在重构后的最细尺度上达到 $100(1-\alpha)\%$ 的置信水平，各尺度的控制限根据下式确定，即

$$\alpha^j = 100 - \frac{1}{L+1}(100 - \alpha) \tag{3.1.35}$$

2) 各尺度上做拟 RPCA 检测以筛选小波系数

① 在线观测数据到来后，对观测数据 Y 做多尺度分解。

② 在小波分解的各尺度上，将相对化变换后的小波变换系数矩阵向最细尺度主元模型定义的主元空间投影，得到小波变换系数矩阵 Y_D^{jR} 和 Y_V^{LR} 的相对主元近似分解式，即

$$\begin{cases} Y_D^{jR} \approx (R^{-1}B^{R\upsilon}B^{R\upsilon\mathrm{T}}R)Y_D^j, & j = N-1, N-2, \cdots, L \\ Y_V^{LR} \approx (R^{-1}B^{R\upsilon}B^{R\upsilon\mathrm{T}}R)Y_V^L \end{cases} \tag{3.1.36}$$

相应的残差矩阵为

$$E_D^{jR} = (I - R^{-1}B^{R\upsilon}B^{R\upsilon\mathrm{T}}R)Y_D^j, \quad j = N-1, N-2, \cdots, L \tag{3.1.37}$$

$$E_V^{LR} = (I - R^{-1}B^{R\upsilon}B^{R\upsilon\mathrm{T}}R)Y_V^L \tag{3.1.38}$$

在线计算 k $(k=1,2,\cdots,n)$ 时刻 SPE 统计量的取值，即

$$\text{SPE}(k) = \left\| E_D^{jR}(k) \right\|^2 = Y_D^{jR}(k)(I - B^{Rv}B^{RvT})Y_D^{jR}(k)^{\mathrm{T}}, \quad j = N-1, N-2, \cdots, L \quad (3.1.39)$$

$$\text{SPE}(k) = \left\| E_V^{LR}(k) \right\|^2 = Y_V^{LR}(k)(I - B^{Rv}B^{RvT})Y_V^{LR}(k)^{\mathrm{T}} \quad (3.1.40)$$

③ 将由②得到的 SPE 统计量与①中得到的 SPE 统计量的控制限比较, 选择超出控制限的小波系数重构 $\hat{Y}_0^R$, 即

$$\hat{Y}_0^R = \sum_{j=1}^{\bar{L}} \tau_j R Y_0 G_j^{\mathrm{T}} G_j$$

$$= Y_0^R G_{j_1}^{\mathrm{T}} G_{j_1} + Y_0^R G_{j_2}^{\mathrm{T}} G_{j_2} + \cdots + Y_0^R G_{j_S}^{\mathrm{T}} \Gamma_{j_S} + Y_0^R H_L^{\mathrm{T}} H_L \quad (3.1.41)$$

其中

$$\tau_j = \begin{cases} 1, & \text{SPE超出控制限} \\ 0, & \text{其他} \end{cases} \quad (3.1.42)$$

3) 建立滤波后数据的单尺度 RPCA 模型

用多尺度滤波后的观测数据阵 $\hat{Y}_0^R$ 建立单尺度 PCA 模型, 得到新的载荷向量 $\hat{B}_i^R$ ($i = 1, 2, \cdots, p$), 确定关键主元个数 υ, 并计算控制限, 即

$$\hat{Y}_0^R = \sum_{i=1}^p \hat{B}_i^R \hat{V}_{0i}^R = \sum_{i=1}^\upsilon \hat{B}_i^R \hat{V}_{0i}^R + \hat{E}^R \quad (3.1.43)$$

2. 在线 MSRPCA 检测

(1) 在线观测数据到来后, 对观测数据做多尺度分解和相对化变换。

(2) 在小波分解的各个尺度上, 将相对化变换后的小波变换系数按式(3.1.42)重构, 得到重构数据阵 $\hat{Y}^R$, 并将 $\hat{Y}^R$ 向重构后的单尺度 PCA 模型(3.1.39)的主元子空间和残差子空间投影, 计算相应的 SPE, 即

$$\hat{\text{SPE}}(k) = \hat{Y}^R(k)(I - \hat{B}^{Rv}\hat{B}^{RvT})\hat{Y}^R(k)^{\mathrm{T}} \quad (3.1.44)$$

(3) 将 SPE 值与拟 MSRPCA 建模中得到的控制限比较, 判定系统是否发生异常。

图 3-17 给出拟 MSRPCA 方法框图。它与 MSRPCA 的根本差别在于如下方面。

(1) 在进行多变量特征提取之前将观测数据做相对化变换。

(2) 在各尺度上用拟 PCA 检测, 而非 PCA 检测挑选有显著贡献的小波系数实现多尺度滤波。

定理 3.1.4(拟 MSRPCA 与 PCA 的一致性定理) 在拟 MSRPCA 过程中, 若相对化变换矩阵 $R = I$, 且在多尺度滤波过程中既没有主元也没有小波系数被剔除

时，拟 MSRPCA 就退化为 PCA。

图 3-17　拟 MSRPCA 方法框图

图 3-18 所示为拟 MSRPCA 方法。图中，$\hat{Y}$ 代表经多尺度滤波后得到的重构数据矩阵。

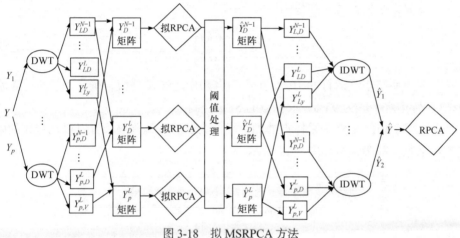

图 3-18　拟 MSRPCA 方法

3.1.5　拟 MSRPCA 仿真实验和分析

为了验证上述方法的有效性，本节给出一个仿真例子。仿真取 $p=4$、$n=1024$，各变量的观测数据可由二维动态系统产生，即

$$x(k) = Ax(k-1) + Bu(k-1) \tag{3.1.45}$$

$$z(k) = x(k) + v(k) \tag{3.1.46}$$

$$u(k) = Gu(k-1) + Fw(k-1) \tag{3.1.47}$$

其中

$$A = \begin{bmatrix} 0.118 & -0.191 \\ 0.847 & 0.264 \end{bmatrix} \tag{3.1.48}$$

$$B = \begin{bmatrix} 1.0 & 2.01 \\ 3.0 & -4.0 \end{bmatrix} \tag{3.1.49}$$

$$G = \begin{bmatrix} 0.811 & -0.266 \\ 0.477 & 0.415 \end{bmatrix} \tag{3.1.50}$$

$$F = \begin{bmatrix} 0.193 & 0.689 \\ -0.320 & -0.749 \end{bmatrix} \tag{3.1.51}$$

零均值白噪声 $w(k)$ 和 $v(k)$ 的协方差阵分别为

$$Q(k) = \begin{bmatrix} 0.1 & 0 \\ 0 & 0.1 \end{bmatrix} \tag{3.1.52}$$

$$R(k) = \begin{bmatrix} 0.1 & 0 \\ 0 & 0.1 \end{bmatrix} \tag{3.1.53}$$

多变量系统的待观测变量为

$$y(k) = \begin{bmatrix} x(k) \\ u(k) \end{bmatrix} \tag{3.1.54}$$

首先取系统正常运行的 1024 个正常样本用于 PCA 建模,确定关键主元个数 $\upsilon = 2$,置信水平取为 95%,求相应的 SPE 控制限。

X_2 的第 401~600 个采样点处加上幅值为 5 的恒偏差故障可以得到包含故障的观测数据。故障信号如图 3-19 所示。

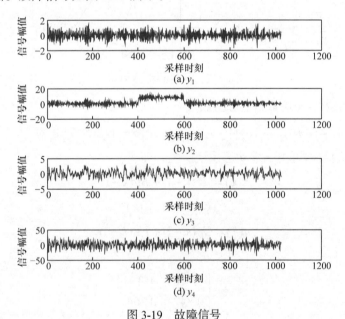

图 3-19 故障信号

分别采用 PCA、RPCA 方法和拟 MSRPCA 进行故障检测仿真研究,图 3-20~图 3-25 给出了这三种方法做故障检测的 SPE 图。图 3-23 给出 $\mu_1 : \mu_2 : \mu_3 : \mu_4 = 5 : 3 : 2 : 10$ 时用 MSRPCA 做故障检测的 SPE 图。

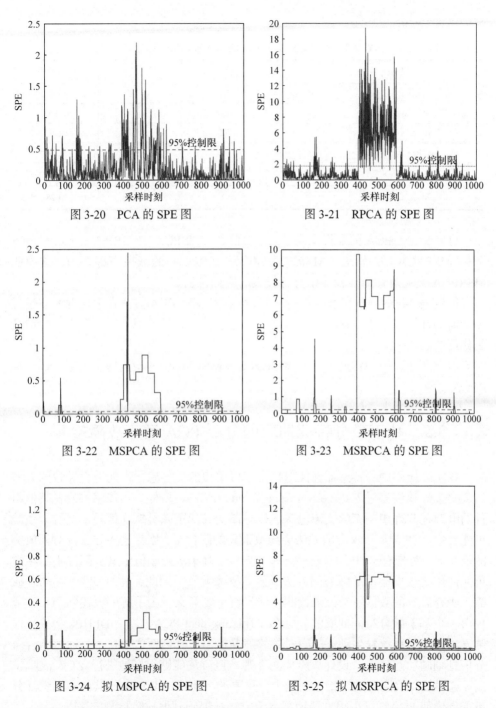

图 3-20　PCA 的 SPE 图

图 3-21　RPCA 的 SPE 图

图 3-22　MSPCA 的 SPE 图

图 3-23　MSRPCA 的 SPE 图

图 3-24　拟 MSPCA 的 SPE 图

图 3-25　拟 MSRPCA 的 SPE 图

故障检测的性能可用误报率和漏报率刻画。表 3-2 所示为不同故障检测方法的漏报率和误报率比较。

表 3-2　不同故障检测方法的漏报率和误报率比较

故障检测方法	漏报点数	漏报率/%	误报点数	误报率/%
PCA	121	11.82	42	4.10
RPCA	10	0.98	61	5.96
MSPCA	2	0.2	28	4.73
MSRPCA	0	0	90	8.79
拟 MSPCA	20	1.95	58	5.66
拟 MSRPCA	0	0	136	13.28

可以看出，PCA 的漏报率明显高于 RPCA、MSPCA、MSRPCA、拟 MSPCA 和拟 MSRPCA。特别地，MSRPCA 和拟 MSRPCA 的漏报率都为 0，这说明 MSRPCA 在灾难性故障检测中具有较大的应用价值。

比较表 3-2 的第 5 行和第 7 行可知，虽然拟 MSRPCA 方法在多尺度滤波过程中所需的计算量小于 MSRPCA 方法，但是这种计算量的减小是以误报率的增高为代价的。

综上所述，拟 MSPCA、拟 MSRPCA、MSRPCA 的检测性能优于 PCA 和 RPCA。

3.2　基于微分特征抽取的分层 PCA 动态故障检测

在实际应用中，传感器性能退化是不可避免的。传感器性能退化导致的方差增大类会导致许多过零点(zero crossing point，ZCP)。另外，当传感器或者其他组件的电源是非理想频率的交流电源、传感器受其他正弦类振动信号干扰时，系统可能发生 ZCP 故障。现有的方法会导致很高的漏检率，因为这些方法仅对幅值类故障有效，对带有 ZCP 的动态故障是无效的。基于故障幅值定义故障准则的特性可能使传统数据驱动故障检测方法对该类故障无效。因此，针对 ZCP 类动态故障，研究有效的数据驱动故障检测方法具有重要意义。为了解决上述问题，本节提出一个基于微分特征抽取的分层 PCA(hierarchical PCA，记为 DFHPCA)故障检测方法来降低系统发生动态故障时的故障漏检率。其创新之处在于，通过结合微分信息刻画动态特征，设计故障检测准则。该方法能够很好地进行 ZCP 故障检测。这对故障检测后的容错控制是十分重要的。此外，用 PLS 或其他多元统计分析工具代替 PCA，可以很方便地把本节方法扩展到其他故障检测方法[3]。

3.2.1　基于 PCA 的动态故障检测

假设动态故障 $f(t)$ 由下述微分方程刻画，即

$$\dot{f}(t) = A_f f(t) + B_f u_f(t) \tag{3.2.1}$$

通常可以选择 $u_f(t) = u_0(t)$ 为阶跃输入，A_f 特征值的实部为 λ。如果 $\lambda < 0$，故障 $f(t)$ 在稳定状态下演变为恒定故障 $f(t) = f$。在这种情况下，传统的基于 PCA 的故障检测方法可以使用。如果 $\lambda = 0$，动态故障达到稳态后的形式为 $f(t) = \sin(\omega t)$，在这种情况下 $f\left(\dfrac{k\pi}{\omega}\right) = 0$，但是微分 $\dot{f}\left(\dfrac{k\pi}{\omega}\right) \neq 0$。传统的基于 PCA 的故障检测方法会导致很高的漏检率。如果 $\lambda > 0$，故障的形式为 $f(t) = f + \mathrm{e}^{\lambda t}\sin(\omega t)$，它是一个发散的正弦故障，不能使用基于 PCA 的故障检测方法进行检测。

下面考虑类似于 $f(t) = \sin(\omega t)$ 的故障。连续故障 $f(t)$ 以采样间隔 T_s 进行采样，得到采样样本 $F(k)$。

在 $m = 1$ 的情况下，单一观测变量 y 如果在系统中出现正弦故障 $F(k)$，则观测形式为

$$y(k) = y_0(k) + F(k) \tag{3.2.2}$$

其中，$y_0(k)$ 和 $y(k)$ 为 k 时刻的正常观测值和在线观测值。

在这种情况下，单变量统计故障检测可以使用 3σ 标准[2]。

如图 3-26 所示，在 a 点，$F(k) = 0$，则 $y(k) = y_0(k)$ 落在 3σ 的正常区域内。检测结果表明，系统在 k 时刻运行正常。在 b 点，$\left|\dot{F}(k)\right| \gg 0$ 表示系统发生 ZCP 故障。因此，可将微分差异性描述为故障动态特征，据此设计故障检测准则。

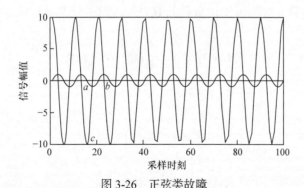

图 3-26　正弦类故障

在 $m > 1$ 的情况下，PCA 可以作为互相关特征抽取工具。包含故障 $F(k)$ 的在线观测可以表示为

$$Y(k) = Y_0(k) + F(k) \tag{3.2.3}$$

其中，$Y(k)$ 为 k 时刻的在线观测值。

从统计意义上讲，一旦在时刻 k 获得在线观测值 $Y(k)$，PCA 模型的 SPE 值可以用作描述 $Y_0(k)$ 和 $Y(k)$ 之间偏差的指标，即

$$\mathrm{SPE}(k) = \left\| E(k) \right\|^2 = (Y_0(k) + F(k))(I - PP^{\mathrm{T}})(Y_0(k) + F(k))^{\mathrm{T}} \quad (3.2.4)$$

如果 $F(k) = 0$，那么 $Y(k) = Y_0(k)$，$\mathrm{SPE}(k)$ 位于接受假设检验的区域，它的值等同于 $\mathrm{SPE}_0(k) = Y_0(k)(I - PP^{\mathrm{T}})Y_0^{\mathrm{T}}(k)$。该检测结果表明，系统在 k 时刻是正常的，而实际上 k 时刻发生了故障，这就使传统 PCA 检测方法检测的结果与实际情况不一致，导致 k 时刻的检测错误。

如果故障信号的一阶微分 $S_F(k) = 0$，我们可以在线对一阶微分 $S(k) = S_0(k) + S_F(k)$ 做 PCA 故障检测，其中 $S_0(k)$ 是故障信号历史正常观测值的一阶微分。检测结果表明，系统在 k 时刻是异常的。

如果 $S_F(k) = 0$，则可对观测数据的二阶微分 $C(k) = C_0(k) + C_F(k)$ 做 PCA 故障检测，检测出发生在 k 时刻的故障，其中 $C(k)$、$C_0(k)$ 和 $C_F(k)$ 分别表示在线观测、历史正常观测和故障信号的二阶微分。

注释 1　当且仅当一阶微分和高阶微分，以及故障信号均等于 0 时，系统才能真正正常。

3.2.2　基于微分特征抽取的分层 PCA 故障检测方法

本节提出一种 DFHPCA 故障检测方法。

1. 离线建模

步骤 1，计算 k 时刻历史正常观测数据的一阶微分 $S_0(k)$ 和二阶微分 $C_0(k)$，即

$$S_0(k) = \left[s_{01}(k), s_{02}(k), \cdots, s_{0m}(k) \right] \quad (3.2.5)$$

$$C_0(k) = \left[c_{01}(k), c_{02}(k), \cdots, c_{0m}(k) \right] \quad (3.2.6)$$

其中

$$s_{0j}(k) = \frac{y_{0j}(k+1) - y_{0j}(k)}{T_s}, \quad j = 1, 2, \cdots, m \quad (3.2.7)$$

$$c_{0j}(k) = \frac{c_{0j}(k+1) - c_{0j}(k)}{T_s}, \quad j = 1, 2, \cdots, m \quad (3.2.8)$$

步骤 2，建立历史正常观测数据 Y_0、S_0 和 C_0 的 PCA 故障检测模型，即

$$Y_0 = T_0 P^{\mathrm{T}} + E_0 \quad (3.2.9)$$

$$S_0 = T_0^S P^{S^T} + E_0^S \tag{3.2.10}$$

$$C_0 = T_0^C P^{C^T} + E_0^C \tag{3.2.11}$$

其中，上标 S 和 C 代表得分矩阵和载荷矩阵。

相应的 SPE 统计量控制限 Q、Q^S 和 Q^C 也可以通过式(2.2.23)计算。

2. 在线检测

基于 DFHPCA 的检测方法可以很好地检测出 k 时刻发生的 ZCP 故障。算法步骤如下。

步骤 1，执行第一轮 PCA，基于 $Y(k)$ 进行故障检测。

采集 k 时刻的观测变量 $Y(k)=[y_1(k),y_2(k),\cdots,y_m(k)]$，将 $Y(k)$ 投影到式(3.2.9)定义的载荷方向，并计算在线 SPE 值，即

$$\mathrm{SPE}(k)=\|E(k)\|^2 = Y(k)(I-PP^T)Y^T(k) \tag{3.2.12}$$

通过式(3.2.13)用控制限 Q 对在线 SPE 值进行归一化处理，因此 $\widetilde{\mathrm{SPE}}(k)$ 可以用来定义故障检测能力指标，即

$$\widetilde{\mathrm{SPE}}(k)=\frac{\mathrm{SPE}(k)}{Q} \tag{3.2.13}$$

$$\tilde{Q}=1 \tag{3.2.14}$$

其中，$\tilde{Q}=\dfrac{Q}{Q}$ 为归一化控制限。

检测能力指标可以定义为

$$\delta(k)=|\widetilde{\mathrm{SPE}}(k)-1| \tag{3.2.15}$$

注释 2 通过以下改进的故障检测标准判定 k 时刻是否发生故障。

① $\widetilde{\mathrm{SPE}}(k)>\tilde{Q}$。

② 后面 10 个采样时刻的 $\widetilde{\mathrm{SPE}}(k)>\tilde{Q}$。

一般来说，对 $Y(k)$ 执行第一轮 PCA 之后，可以确定 k 时刻是否发生幅值非零故障，但是无法检测幅值等于零的动态故障，所以漏检率可能非常高。这样的漏检率是因为一阶微分信息没有被充分利用导致的。

步骤 2，对于那些未检测到的 $Y(k)$ 或具有较小检测能力指数的 $Y(k)$，我们可以等待 $Y(k+1)$ 中涉及的一阶微分信息的到来。

得到 $Y(k+1)$ 以后，可以通过式(3.2.16)计算一阶微分 $s(k)=[s_1(k),s_2(k),\cdots,s_m(k)]$，即

$$s_j(k)=\frac{y_j(k+1)-y_j(k)}{T_s} \tag{3.2.16}$$

步骤 3，对步骤 1 中检测能力较弱时刻对应的 $s(k)$ 进行第二轮 PCA 故障检测。利用式(3.2.16)给出的 $s(k)$ 建立 PCA 模型，并通过下式计算在线 SPE 值，即

$$\text{SPE}^s(k) = \| E^s(k) \|^2 = S(k)(I - P^S P^{ST}) S^T(k) \tag{3.2.17}$$

然后，通过控制限 Q^S 对在线 SPE 值进行归一化，即

$$\tilde{\text{SPE}}^S(k) = \frac{\text{SPE}^S(k)}{Q^S} \tag{3.3.18}$$

在步骤 3 中，检测能力指数小的故障仍然不能很好地被检测出来，仍存在漏检率较高的可能。

步骤 4，当 $Y(k+2)$ 到来后，通过式(3.2.19)计算 2 阶微分 $C(k) = [c_1(k), c_2(k), \cdots, c_m(k)]$，其中

$$c_j(k) = \frac{s_j(k+1) - s_j(k)}{T_S} \tag{3.2.19}$$

步骤 5，针对第 3 步检测能力较弱的样本点，再用 $C(k)$ 进行第 3 轮 PCA 故障检测。

将 $C(k)$ 向式(3.2.9)定义的载荷方向投影，并计算在线 SPE 值，即

$$\text{SPE}^C(k) = \| E^C(k) \|^2 = C(k)(I - P^C P^{CT}) C^T(k) \tag{3.2.20}$$

然后，通过控制限 Q^C 对在线 SPE 值进行归一化，即

$$\tilde{\text{SPE}}^C(k) = \frac{\text{SPE}^C(k)}{Q^C} \tag{3.2.21}$$

经过第 3 轮对 $C(k)$ 进行 PCA 故障检测后，可以很好地检测到 k 时刻发生的 ZCP 故障。如果故障信号是更复杂的函数，则可以用类似的分层方式使用高阶微分的方法给出本节方法的扩展。DFHPCA 故障检测方法流程图如图 3-27 所示。

注释 3 在分层检测过程中，检测结果是否应在新一轮基于微分的 PCA 故障检测中更新，是由新一轮的检测能力指数是否大得多决定的。检测能力定义为归一化后检测统计量的值和控制限的绝对偏差。

3.2.3 仿真和案例分析

本节首先用 MATLAB 模拟 DFHPCA 故障检测方法，同时介绍 TE 过程的案例研究。应该注意的是，我们研究时考虑的是传感器故障，而不是系统故障。

注释 4 假设动态系统达到稳态时，观测变量的每个样本是独立同分布的，我们用随机函数 randn 生成观测值。数字 -2 和 1 分别表示 y_1 和 y_2 的稳态值。

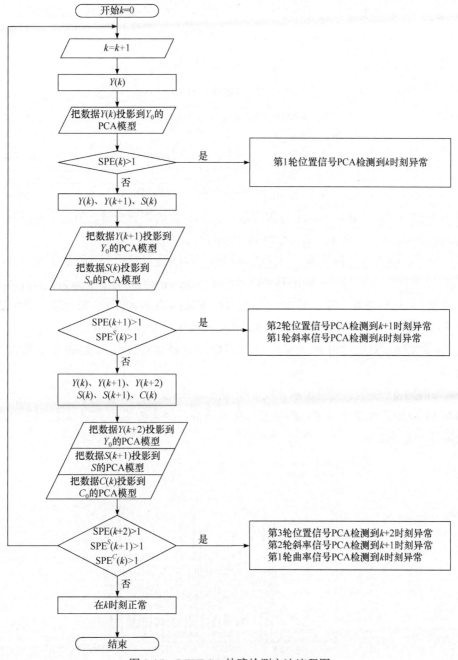

图 3-27　DFHPCA 故障检测方法流程图

1. 数值仿真研究

考虑 $m_i = 4$ 和 $m_o = 1$，其中 m_i 是过程变量的数量，m_o 是质量变量的数量，

$m = m_i + m_o$ 是系统涉及的观测变量。每个变量的 200 个样本($n = 200$)按间隔 $h = 0.0125s$ 采集，然后通过 randn 生成正态观测变量，即

$$y_{01} = \text{randn}(n,1) - 2$$

$$y_{01} = 1.5\text{randn}(n,1) + 1$$

$$y_{03} = 0.2y_{01} + 0.8y_{02} + 0.5\text{randn}(n,1) \tag{3.2.22}$$

$$y_{04} = \left(\frac{\sqrt{2}}{2}\right)y_{01} - \left(\frac{\sqrt{2}}{2}\right)y_{02} + 0.5\text{randn}(n,1) \tag{3.2.23}$$

$$z_0 = 0.1y_{01} + 0.4y_{02} + 0.2y_{03} + 0.3y_{04} \tag{3.2.24}$$

其中，y_{01}、y_{02}、y_{03}、y_{04} 为过程变量；z_0 为相应的质量变量；第一个观测变量的均值为 -2、方差为 1；第二个观测变量的均值为 1、方差为 1.5。

这里分别产生三种故障，测试故障幅值、ZCP 数目对检测性能的影响。在线观测 y_1、y_2、y_3、y_4 首先由式(3.3.20)～式(3.3.23)产生。对于故障案例 1，从采样时刻 $k = 51 \sim 200$，在 y_2 中加上正弦故障 $F_1(k) = 6\sin(100k)$。对于故障案例 2，从采样时刻 $k = 51 \sim 200$，将 y_2 中加入正弦故障 $F_2(k) = 4\sin(50k)$。对于故障案例 3，从时刻 $k = 51 \sim 200$ 加入对应第二传感器的精确性退化导致的方差增大类故障。

如图 3-28 所示，实线表示在线 SPE 值，虚线表示控制限。可以看出，从采样时刻 51 开始系统发生异常，但是漏检率非常高，因为传统的 PCA 方法对于 ZCP 故障检测是无效的。

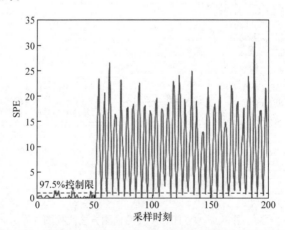

图 3-28　故障案例 1 中传统 PCA 故障检测方法的 SPE 图

如图 3-29 所示，实线表示在线 SPE 值，虚线表示控制限。可以看出，本节方

法能提取系统中故障的动态特征，所以当实际故障的最大值 6>4.5(观测噪声方差的 3 倍)时，漏检率可以显著降低。

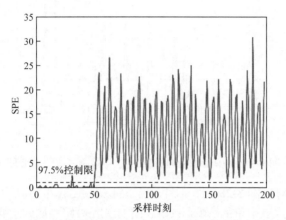

图 3-29 故障案例 1 DFHPCA 故障检测方法的 SPE 图

注释 5 误检率受到系统发生正弦故障的频率和持续时间的影响。仿真实验假设故障信号的 SNR 足够大，足以确保动态故障能被检测出来。当故障信号的 SNR 较小或系统发生小正弦故障时，需要进行必要的去噪预处理来提高 SNR 值。

故障案例 2 表示正弦故障的最大幅度为 4，小于 4.5。正弦故障的频率为 50Hz，意味着比故障案例 1 有更少的 ZCP。相应的 PCA 和 DFHPCA 故障检测方法的 SPE 图分别在图 3-30 和图 3-31 中给出。

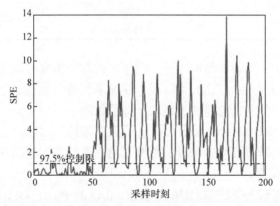

图 3-30 故障案例 2 传统 PCA 故障检测方法的 SPE 图

对比图 3-30 和图 3-31 可知，即使在故障尺寸很小的情况下，制定故障检测准则时，若考虑动态微分特征不仅能够减小故障的漏检率，还能很好地减小故障的误检率。

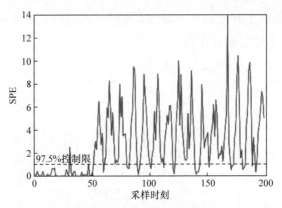

图 3-31　故障案例 2 DFHPCA 故障检测方法的 SPE 图

此外，通过对比图 3-28～图 3-31，当系统发生比较小的故障时，DFHPCA 的检测率也会受到 ZCP 数量的影响。PCA、DFHPCA 故障检测方法的误检率和漏检率如表 3-3 所示。

表 3-3　PCA、DFHPCA 故障检测方法的误检率和漏检率

故障	故障尺寸	方法	误检率/%	漏检率/%
案例 1	$(3\sigma_n, 5\sigma_n)$	PCA	10	10
		DFHPCA	6	0
案例 2	$< 3\sigma_n$	PCA	10	36
		DFHPCA	6	10.81
案例 3	$5\sigma_n$	PCA	10	21.33
		DFHPCA	6	16.22

在实际系统中，随着时间的流逝，传感器的测量精度可能会退化，因此可以通过在观测数据中加入一个比较大的噪声变量来刻画传感器的退化过程，在研究中应用故障案例 3 刻画传感器测量精度下降类故障。

从图 3-32 和图 3-33 可以看出，当传感器测量精度退化时会导致方差增大，这种方差增大类故障带有许多 ZCP，提取观测数据的动态特征有助于这种方差增大类故障的高效检测。

当系统中加入带有 ZCP 的故障信号时，传统的 PCA、DFHPCA 故障检测方法的误检率和漏检率在表 3-3 中列出，其中 σ_n 是相应的噪声方差。

由于不同的故障被加入同一组正常的测试集中，从第 3 列可以看出，对于三种不同的故障案例来说，故障发生之前的检测结果相同。通过对比第 2 行和第 3 行、第 4 行和第 5 行、第 6 行和第 7 行可以看出，利用 DFHPCA 故障检测

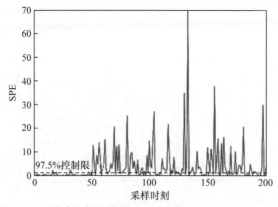

图 3-32　故障案例 3 传统 PCA 故障检测方法的 SPE 图

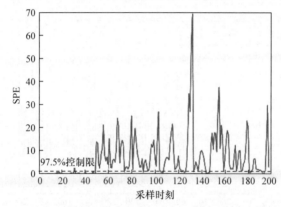

图 3-33　故障案例 3 DFHPCA 故障检测方法的 SPE 图

方法能够大大降低故障的误检率和漏检率，这是因为多层检测使各层检测能力最大的那一个作为最终的检测结果，具有分层检测的最大检测能力。对比第 2～5 行，如果故障比较小，那么漏检率就相对较高。对比第 4 行和第 5 行，对于一个给定的故障尺寸，DFHPCA 故障检测方法在误检方面要明显优于传统的 PCA 故障检测方法。

本节的主要创新点在于，通过微分信息刻画动态特征，提出一个故障检测准则。通过这种准则，带有多个 ZCP 的故障信号能够被很好地检测出来，这对后期的容错控制有重要的意义。

以下是用 PLS 代替 PCA 对故障案例 1 的仿真结果,表明本节提出的 DFHPLS 故障检测方法可以推广到其他统计故障检测方法。

从图 3-34 和图 3-35 可以很明显地看出，DFHPLS 故障检测方法适用于 PLS，以及其他 PCA/PLS 的改进方法。

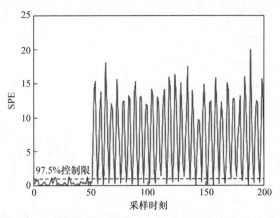

图 3-34　故障案例 1 传统 PLS 故障检测方法的 SPE 图

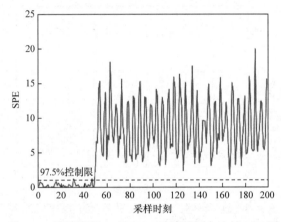

图 3-35　故障案例 1 DFHPLS 故障检测方法的 SPE 图

　　DFHPLS 故障检测方法可以很好地检测传感器精度退化类故障。这一点在图 3-36 和图 3-37 中也得到证实。PLS、DFHPLS 故障检测方法的误检率和漏检率

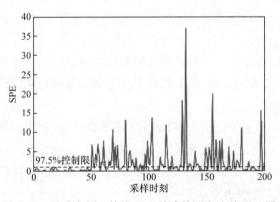

图 3-36　故障案例 3 传统 PLS 故障检测方法的 SPE 图

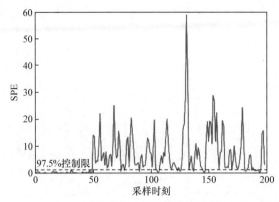

图 3-37　故障案例 3 DFHPLS 故障检测方法的 SPE 图

如表 3-4 所示。

表 3-4　PLS、DFHPLS 故障检测方法的误检率和漏检率

故障	故障尺寸	方法	误检率/%	漏检率/%
案例 1	$> 3\sigma_n$	PLS	10	18
		DFHPCA	6	0
案例 3	$5\sigma_n$	PLS	10	30.67
		DFHPCA	6	4.73

2. 基于田纳西-伊斯曼过程的案例测试

本节将 DFHPCA 故障检测方法应用于田纳西-伊斯曼(Tennessee Eastmom，TE)TE 故障诊断过程。TE 是故障检测方法的基准测试数据。TE 过程包含 41 个测量变量和 12 个操作变量。因为 DFHPCA 故障检测方法可以很方便地推广到 DFHPLS 故障检测方法，所以 TE 案例研究部分仅给出 DFHPCA 故障检测方法的测试结果说明其有效性。

采用 960 个正常样本训练数据建立 PCA 和 DFHPCA 故障检测模型。测试数据包含 250 个样本，发生方差增大类故障。在故障案例 4 中，第 5 个变量的方差从采样时刻 $k=51\sim250$ 增加到 1.5。图 3-38 表明，传感器精度退化引起的 ZCP 故障在采样时刻 51～250 能够被检测出来，但是漏检率很高。

图 3-39 表明，DFHPCA 故障检测方法能够有效地诊断出 TE 过程中发生的方差增大类故障。

当传感器精度退化时，表 3-5 表明传统 PCA 故障检测方法的漏检率明显比 DFHPCA 故障检测方法高。

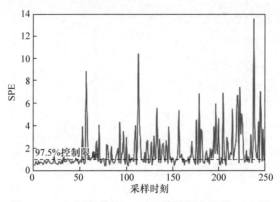

图 3-38　TE 过程传统 PCA 故障检测方法的 SPE 图

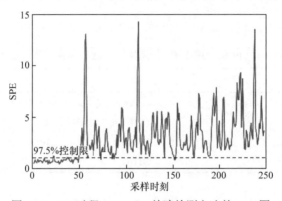

图 3-39　TE 过程 DFHPCA 故障检测方法的 SPE 图

表 3-5　TE 过程 PCA、DFHPCA 故障检测方法漏检率与误检率

故障	故障尺寸	算法	漏检率/%	误检率/%
案例 3	$5\sigma_n$	PCA	16	33
		DFHPCA	10	2

3.3　本章小结

　　大型自动化系统的功能日益完善、结构渐趋复杂，各部分之间的耦合也越来越紧密，很难建立可用于故障诊断的机理模型。随着集散控制系统和各种智能化仪表、现场总线技术在工业控制中的广泛应用，大量的系统运行状态数据被采集并存储下来，但是这些数据并没有被有效地利用。基于统计特征提取的故障检测方法不需要精确的机理模型，也不需要大量的故障数据，已成为工程和学术界的研究热点。鉴于数据驱动故障诊断研究现状，本章对大型自动化系统中的故障检测问题开展相应的研究。以多变量统计特征提取为主线，重点研究基于统计方法的多尺度故障检测、基于微分几何动态特征抽取的故障检测。

参 考 文 献

[1] Wen C L, Zhou F N. An extended multi-scale principal component analysis and application in fault detection. Chinese Journal of Electronics, 2012, 21(3): 471-479.

[2] 文成林，胡静，王天真，等. 相对主元分析及在数据压缩和故障诊断中的应用研究. 自动化学报, 2008, 34(9): 1129-1140.

[3] 周福娜. 基于统计特征提取的多故障诊断方法及应用研究. 上海: 上海海事大学, 2004.

第4章 知识导引的统计特征抽取和故障诊断方法

基于 PCA 等统计特征抽取的方法可以有效地进行系统故障检测，但是无法很好地进行故障模式辨识及多故障诊断。DCA 是一种知识导引的多变量统计特征提取方法，能够避免 PCA 的模式复合效应，明确地解释故障的物理意义，并进行多故障诊断。

本章引入 DCA 的思想，旨在建立 DCA 多故障诊断理论的空间投影框架，从而把故障检测问题转化为将观测数据向故障子空间投影后投影能量的显著性检测问题。在确定系统发生故障的情况下，将观测数据向故障子空间中各故障模式方向分别进行投影，根据投影能量的显著性进行多故障诊断，并利用正交补空间构造法证明基于非正交模式指定元分解形式的可行性和收敛性，建立一种逐步 DCA 分析方法解决指定模式非正交情况下的多故障诊断问题、未知故障诊断、微小故障诊断问题[1-4]。

4.1 非正交指定模式逐步 DCA 多故障诊断

4.1.1 主元分析的模式复合效应

数据驱动的故障检测方法研究和应用最多的是多变量统计方法。其中主流的方法是 PCA 和 PLS。PCA 及其有关改进和扩展的方法，包括动态 PCA、自适应 PCA、MSPCA、分块 PCA、多向 PCA、RPCA、非线性 PCA 等，都已成功应用到故障检测和故障诊断中。

PCA 的本质是对观测数据所处的空间进行坐标变换，保留那些代表数据的主要变化方向的坐标并作为新数据空间的坐标方向，以实现高维数据降维的目的。PCA 含义图如图 4-1 所示。

对观测数据做 PCA 后，所得的第一主元对应的载荷向量表示对系统变化贡献最大的变化方向。当系统受多种故障影响时，基于观测数据提取的第一载荷向量是由几个不同的实际变化方向复合而成的。PCA 的模式复合效应如图 4-2 所示。

PCA 的这种模式复合效应使系统发生异常时故障模式的解释变得更加困难，区分不显著模式的能力也因这一复合效应而受到影响。这就使所有基于 PCA 的方法存在以下问题。

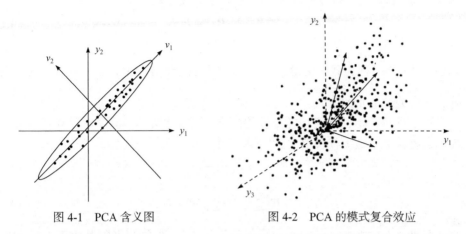

图 4-1　PCA 含义图　　　　　　图 4-2　PCA 的模式复合效应

① 受模式复合效应的影响，被选取主元没有明确的物理意义，难以解释故障是由哪些元件或设备引起的。

② 基于主元分析的检测方法虽能较好地做故障检测，但是当系统中有多个故障同时发生时，无法判定究竟发生什么故障类型。

③ 检测并非针对某些具体故障，并且故障检测和故障模式辨识分两步进行，会影响检测的针对性与时效性。

文献[1]将统计建模与系统实际运行经验相结合，提到 DCA 的初步概念。其基本思想是，根据系统运行状况预先定义一些常见的物理意义明确的变化模式(指定模式)；将观测数据投影到这些指定模式上得到指定元，依据观测数据对各指定模式的显著性，判断相应的故障是否已发生。这就避免了 PCA 的模式复合问题，使其结果具有明确的物理意义，并且可以方便地进行多故障诊断。

现有的 DCA 故障诊断方法假设各指定模式是相互正交的，但是大多数实际系统都难以满足该假设，并且 DCA 故障诊断理论的基础研究也需进一步开展。

本章旨在建立 DCA 分析的空间投影框架，进一步完善 DCA 故障诊断理论，给出有关推证过程，并解决非正交指定模式的 DCA 诊断问题[1-4]。

4.1.2　主元分析的有关结论

对 p 个变量做 n 次观测，所得观测数据阵 Y 进行 PCA 的定义为

$$V = B^{\mathrm{T}} Y \tag{4.1.1}$$

其中，$Y = [y(1), y(2), \cdots, y(n)] \in \mathrm{R}^{p \times n}$，$y(k) \in \mathrm{R}^{p \times 1}$，$k = 1, 2, \cdots, n$ 为多维随机变量 $y \in \mathrm{R}^{p \times 1}$ 的第 k 次观测样本；$V \in \mathrm{R}^{p \times n}$ 为主元变量 $v = [v_1, v_2, \cdots, v_p] \in \mathrm{R}^{1 \times p}$ 的 n 次观测样本构成的得分矩阵。

观测数据矩阵 Y 具有如下主元分解式，即

$$Y = \sum_{i=1}^{v} B_i V_i + E \tag{4.1.2}$$

其中，$B_i \in \mathbf{R}^{p \times 1}$ 称为载荷向量；$V_i \in r^{1 \times p}$ 称为主元得分向量；$E = \sum_{i=v+1}^{p} B_i V_i$ 为残差矩阵，v 为关键主元的个数。

在实际分析中，一般将各变量的标称值从 Y 中去掉，只考虑其变化部分。设观测数据阵 Y 是减去标称值后的结果，则

$$\text{var}(v_i) = \lambda_i \tag{4.1.3}$$

$$\text{tr}\left(\sum\nolimits_Y\right) = \sum_{i=1}^{p} \text{var}(v_i) \tag{4.1.4}$$

定理 4.1.1(观测数据主元分解收敛性定理)　观测数据阵基于主元的分解，在式(4.1.2)中，当 $v \to p$ 时，残差阵 $E \to 0$。

证明： 由于矩阵各范数之间是等价的，不失一般性，采用 Frobenius 范数，由 F-范数的定义可知

$$\|E\|_F^2 = \sum_{i=1}^{p} \sum_{j=1}^{n} |e_{ij}|^2 = \text{trace}(EE^{\mathrm{T}}) \tag{4.1.5}$$

由 B 是标准正交矩阵，可知

$$B_i^{\mathrm{T}} B_q = \begin{cases} 1, & i = q \\ 0, & i \neq q \end{cases} \tag{4.1.6}$$

$$B_i B_i^{\mathrm{T}} \leqslant \sum_{i}^{p} B_i B_i^{\mathrm{T}} = I \tag{4.1.7}$$

$$\begin{aligned}
EE^{\mathrm{T}} &= \sum_{i=v+1}^{p} B_i V_i \left(\sum_{i=v+1}^{p} B_i V \right)_i^{\mathrm{T}} \\
&= \sum_{i=v+1}^{p} B_i V_i \cdot \sum_{i=v+1}^{p} V_i^{\mathrm{T}} B_i^{\mathrm{T}} \\
&= \sum_{i=v+1}^{p} B_i V_i V_i^{\mathrm{T}} B_i^{\mathrm{T}} \\
&= \sum_{i=v+1}^{p} \text{var}(v_i B_i B_i^{\mathrm{T}}) \leqslant \sum_{i=v+1}^{p} \lambda_i I
\end{aligned} \tag{4.1.8}$$

所以

$$\|E\|_F^2 = \text{trace}(EE^{\mathrm{T}}) \leqslant \text{trace}\left(\sum_{i=v+1}^{p} \lambda_i I \right) = p \sum_{i=v+1}^{p} \lambda_i \tag{4.1.9}$$

PCA 的结果将主元方差按从大到小排列，除非 $\sum_Y$ 具有 p 个相同的特征值，否则第 v 项之后的 $\sum_{i=v+1}^{p} \lambda_i$ 非常小，其中 v 为关键主元的个数。当 $v \to p$ 时，$\sum_{i=v+1}^{p} \lambda_i \to 0$，从而有

$$\|E\|_{\mathrm{F}}^2 = p \sum_{i=v+1}^{p} \lambda_i \to 0 \tag{4.1.10}$$

这就证明了在矩阵 F-范数意义下，残差矩阵 $E \to 0$。

针对主元模型(4.1.2)，可以应用多元统计控制量进行故障检测与诊断的分析，常用的统计量有 2 个，即 Hotelling T^2 统计量和 SPE 统计量。PCA 通过检测 T^2 和 SPE 统计量的取值是否超过其相应的控制限，确定系统是否处于正常工况。

PCA 的模式复合效应使它只能做故障检测，无法很好地做故障模式辨识。特别地，PCA 对于多故障共存情况下的诊断问题无能为力。

4.1.3 DCA 的空间投影框架

1. 指定元分析的基本思想

DCA 是一种知识导引的多变量统计特征提取方法。类似于 PCA 中的载荷向量 B_i，首先根据设备运行中常见的故障和征兆之间的关系，定义正常或故障变化模式 D_i，即

$$D_i = \begin{bmatrix} d_{i1} \\ d_{i2} \\ \vdots \\ d_{ip} \end{bmatrix}, \quad i = 1, 2, \cdots, p \tag{4.1.11}$$

然后，将观测变量 y 在指定模式 D_i 表示的方向上做投影即可得到相应的指定元 w_i，即

$$w_i = D_i^{\mathrm{T}} y \tag{4.1.12}$$

做 n 次采样的情况下，可得

$$\begin{bmatrix} w_{i1} & w_{i2} & \cdots & w_{in} \end{bmatrix} = \begin{bmatrix} d_{i1} & d_{i2} & \cdots & d_{ip} \end{bmatrix} \begin{bmatrix} y_{11} & y_{12} & \cdots & y_{1n} \\ y_{21} & y_{22} & \cdots & y_{2n} \\ \vdots & \vdots & & \vdots \\ y_{p1} & y_{p2} & \cdots & y_{pn} \end{bmatrix}, \quad i = 1, 2, \cdots, p$$

$$\tag{4.1.13}$$

可用矩阵形式表示为

$$W = D^{\mathrm{T}}Y \tag{4.1.14}$$

其中，$W \in \mathrm{R}^{p \times n}$ 为指定元 $w = [w_1 w_2 \cdots w_p] \in \mathrm{R}^{p \times 1}$ 的样本矩阵；$D \in \mathrm{R}^{p \times p}$ 为正交指定模 $D_i \in \mathrm{R}^{p \times 1}$，$i = 1,2,\cdots,p$ 构成的矩阵，满足

$$D^{\mathrm{T}}D = I \tag{4.1.15}$$

观测数据矩阵 Y 具有如下基于指定元的分解式，即

$$Y = D_1 W_1 + D_2 W_2 + \cdots + D_p W_p \tag{4.1.16}$$

因此，可以基于显著性信息或各指定元的 Shewhart 图进行故障诊断。

类似于 PCA，指定元的方差也刻画了观测数据阵在相应指定模式方向上的覆盖程度。各指定模式对系统变化的贡献可以用下式计算，即

$$D_i\% = \frac{\mathrm{var}(w_i)}{\mathrm{trace}\left(\sum Y\right)} \tag{4.1.17}$$

由于指定模式是有明确物理意义的变化模式，根据各指定模式贡献率的大小，可以快速确定系统的变化是由哪些故障模式引起的。

2. DCA 的空间投影框架

DCA 是一种知识导引的多变量统计特征提取工具，可以避免 PCA 的模式复合效应，有望用于故障模式的辨识和多故障的诊断。但是，DCA 的理论基础尚不完善，基于式(4.1.17)进行故障诊断的意义也不明确。为此，本章建立 DCA 分析的空间投影框架，为 DCA 故障诊断方法提供必要的理论基础。

1) DCA 的空间投影框架

参考系统运行经验，根据故障与征兆之间的对应关系，假设可定义 $D_1, D_2, \cdots, D_l$ 等 l 个正交指定模式，则有以下定理。

定理 4.1.2(观测空间正交指定模式数目定理)　正交指定模式的数目 l 不可能超过观测空间的维数 p，即

$$l \leqslant p \tag{4.1.18}$$

证明：由于 $D_1, D_2, \cdots, D_l$ 标准正交，$D_i^{\mathrm{T}}D_s = 0$ $(i \neq s)$，因此 $D_1, D_2, \cdots, D_l$ 是线性无关向量组。事实上，若存在 $c_1, c_2, \cdots, c_p$，使

$$\sum_{i=1}^{p} c_i D_i = 0 \tag{4.1.19}$$

则对于 $s = 1,2,\cdots,p$，有

$$D_s^{\mathrm{T}}\sum_{i=0}^{p}c_iD_i=0 \tag{4.1.20}$$

$$\sum_{i=1}^{p}c_iD_s^{\mathrm{T}}D_i=0 \tag{4.1.21}$$

所以

$$c_s=0 \tag{4.1.22}$$

对所有 s 成立，因此 $D_1,D_2,\cdots,D_l$ 线性无关。若 $D_i\,(i=1,2,\cdots,l)$ 是观测空间中的 l 个正交模式（$l>p$），由定理 4.1.2，$D_1,D_2,\cdots,D_l$ 线性无关。另外，由线性代数知识，$\mathrm{R}^{p\times1}$ 中线性无关向量的个数不超过 p，与 $l>p$ 矛盾，所以正交指定模式的数目 $l\leqslant p$。

下面讨论指定模式数目 $l=p$ 和 $l<p$ 时的 DCA 诊断问题。

2) 正交指定模式数目 $l=p$

设多变量系统输出观测空间为 $\mathrm{R}^{p\times1}$，观测变量 y 的采样样本 $y(k)\in\mathrm{R}^{p\times1}$（$k=1,2,\cdots,n$）。为符号记法方便，记输出空间为 $S\equiv\mathrm{R}^{p\times1}$。由 p 个指定模式 $D_1,D_2,\cdots,D_p$ 是相互正交的可知，$D_1,D_2,\cdots,D_p$ 是观测空间 S 的一组基。S 可看作 $D_1,D_2,\cdots,D_p$ 张成的子空间，即

$$S=\mathrm{span}\{D_1,D_2,\cdots,D_p\} \tag{4.1.23}$$

定理 4.1.3(指定模式张成子空间分解定理)　由 $D_1,D_2,\cdots,D_p$ 张成的子空间 S 可分解为正常子空间和故障子空间的直和，即

$$S=S_N\oplus S_F \tag{4.1.24}$$

其中，故障子空间 S_F 由故障模式张成，即

$$S_F=\mathrm{span}\{D_{F_1},D_{F_2},\cdots,D_{F_F}\} \tag{4.1.25}$$

其中，$D_{F_s}\in\{D_1,D_2,\cdots,D_p\}$，$s=1,2,\cdots,l_F$，$t=1,2,\cdots,l_N$，$l_F+l_N=p$。

正常子空间 S_N 由正常随机扰动模式张成，即

$$S_N=\mathrm{span}\{D_{N_2},D_{N_2},\cdots,D_{N_N}\} \tag{4.1.26}$$

其中，$D_{N_t}\in\{D_1,D_2,\cdots,D_p\}$。

证明: 若可以找到 p 个相互正交的指定模式 $D_1,D_2,\cdots,D_p$，则由线性代数知识可知，$D_1,D_2,\cdots,D_p$ 是系统输出空间 S 的一组基，由 S_N 和 S_F 的定义可知

$$S=S_N\oplus S_F \tag{4.1.27}$$

且 S_N 与 S_F 互为正交补空间。

3) 正交指定模式数目 $l < p$

正交指定模式数目小于输出观测空间维数时，可通过构造由指定模式张成子空间的正交补空间的方法给出观测数据阵基于指定元的分解式。

定理 4.1.4(观测数据阵指定元分解可行性定理)　若指定 $l(l < p)$ 个正交变化模式 $D_1, D_2, \cdots, D_l$，则可构造指定模式张成空间 $S_D = \mathrm{span}\{D_1, D_2, \cdots, D_l\}$ 的正交补空间 S_E。因此，观测数据阵有如下分解形式，即

$$Y = D_1 W_1 + D_2 W_2 + \cdots + D_l W_l \tag{4.1.28}$$

证明： 由线性代数知识可知，$D_1, D_2, \cdots, D_l$ 是 $\mathrm{R}^{p \times l}$ ($l < p$) 中的一组线性无关向量，并且 $D = [D_1 \quad D_2 \quad \cdots \quad D_l] \in \mathrm{R}^{p \times l}$ 是一个列满秩矩阵，$r(D) = l$。因此，存在 $H \in \mathrm{R}^{p \times (p-l)}$，使

$$\bar{D} = [D \, H] \tag{4.1.29}$$

是一个列满秩矩阵，$r(\bar{D}) = p$。对 $\bar{D}$ 的列向量做 Schmidit 正交化，并做归一化处理可得标准正交矩阵 $\tilde{D}$，其中 $\tilde{D}$ 的前 l 列是 D，即

$$\tilde{D} = [D \, \hat{H}] \tag{4.1.30}$$

由 $\tilde{D}$ 的列定义的模式是一组正交模式，做观测数据阵 Y 关于 $\tilde{D}$ 的 DCA 可得

$$\tilde{W} = \tilde{D}^{\mathrm{T}} Y \tag{4.1.31}$$

$$
\begin{aligned}
Y = \tilde{D}\tilde{W} &= \sum_{i=1}^{p} \tilde{D}_i \tilde{W}_i \\
&= \sum_{i=1}^{l} D_i \tilde{W}_i + \sum_{i=l+1}^{p} \tilde{D}_i \tilde{W}_i \\
&\equiv DW + \hat{H}\hat{W}
\end{aligned}
\tag{4.1.32}
$$

其中

$$W = [\tilde{W}_1, \tilde{W}_2, \cdots, \tilde{W}_l] \tag{4.1.33}$$

$$\hat{W} = [\tilde{W}_{l+1}, \tilde{W}_{l+2}, \cdots, \tilde{W}_p] \tag{4.1.34}$$

由于 D 和 $\hat{H}$ 中各列正交，因此 $S_E = \mathrm{span}\{\hat{H}_1, \hat{H}_2, \cdots, \hat{H}_{(p-l)}\}$ 为 $S_D = \mathrm{span}\{D_1, D_2, \cdots, D_l\}$ 的正交补空间，即

$$S = S_1 \oplus S_E \tag{4.1.35}$$

且观测数据阵 Y 有关于指定元的分解式，即

$$
\begin{aligned}
Y &= D_1 W_1 + D_2 W_2 + \cdots + D_l W_l + E \\
&= DW + E
\end{aligned}
\tag{4.1.36}
$$

其中，分解的残差阵为

$$E = \hat{H}\hat{W} \qquad (4.1.37)$$

推论 4.1.1　由定理 4.1.3 可知，$S_D = \mathrm{span}\{D_1, D_2, \cdots, D_l\}$ 可分解为正常模式子空间和故障模式子空间的直和，即

$$S_D = S_N \oplus S_F \qquad (4.1.38)$$

由式(4.1.35)和式(4.1.38)可得定理 4.1.5。

定理 4.1.5(观测空间分解定理)　观测空间 S 可分解为正常子空间、故障子空间和残差子空间的直和，即

$$S = S_F \oplus S_N \oplus S_E \qquad (4.1.39)$$

其中，故障子空间 S_F 由故障模式张成，即

$$S_F = \mathrm{span}\{D_{F_1}, D_{F_2}, \cdots, D_{F_{l_F}}\} \qquad (4.1.40)$$

其中，$D_{F_s}, D_{N_t} \in \{D_1, D_2, \cdots, D_l\}$，$s = 1, 2, \cdots, l_F$，$t = 1, 2, \cdots, l_N$，$l_F + l_N = l$。

正常子空间 S_N 由正常随机变化模式张成，即

$$S_N = \mathrm{span}\{D_{N_1}, D_{N_2}, \cdots, D_{N_{l_N}}\} \qquad (4.1.41)$$

残差子空间为

$$S_E = \mathrm{span}\{\tilde{D}_{l+1}, \tilde{D}_{l+2}, \cdots, \tilde{D}_p\} \qquad (4.1.42)$$

3. 基于空间投影能量的故障检测

定义 4.1.1(空间投影能量)　将空间的基看作坐标轴，向量向子空间投影的能量定义为它在子空间各坐标轴上投影的平方和。

将 k 时刻采集到的观测值 $y(k) \in \mathrm{R}^{p \times 1}$ 看作观测空间 S 中的一个向量，$y(k)$ 向故障信号子空间 S_F、正常信号子空间 S_N 和残差子空间 S_E 投影的能量可以定义为

$$A_F(k) = \sum_{s=1}^{l_F} \left| D_{F_s}^{\mathrm{T}} y(k) \right|^2 \qquad (4.1.43)$$

$$A_N(k) = \sum_{t=1}^{l_N} \left| D_{N_t}^{\mathrm{T}} y(k) \right|^2 \qquad (4.1.44)$$

$$A_E(k) = \sum_{i=l+1}^{p} \left| \tilde{D}_i^{\mathrm{T}} y(k) \right|^2 \qquad (4.1.45)$$

多变量系统在 k 时刻的能量可定义为

$$A(k)=\|y(k)\|_2^2=\sum_{i=1}^{p}|y_{ik}|^2 \tag{4.1.46}$$

易知 k 时刻多变量系统的能量等于 $y(k)$ 在 3 个子空间上投影能量的和，即

$$A(k)=A_F(k)+A_N(k)+A_E(k) \tag{4.1.47}$$

定义 4.1.2(系统故障的投影能量判定)　若 $y(k)$ 在故障空间投影的能量 $A_F(k)$ 较大，则系统发生故障，否则认为系统正常运作。

在指定模式选取合理的情况下，观测 $y(k)$ 在残差空间 S_E 投影的能量 $A_E(k)$ 很小。若 $A_E(k)$ 较大，则说明模式选取不合适。这个结论可用于故障诊断初期用试错法选取指定模式的过程。

4. 基于空间投影能量的故障诊断

在系统发生异常的情况下，为了方便及时进行故障维修，还需进一步判断究竟发生了什么故障，并找出引起故障的原因。因此，在故障子空间中，把 k 时刻的观测 $y(k)$ 向各指定模式 D_i 方向投影，计算投影的能量为

$$A_{D_i}(k)=\left|D_i^{\mathrm{T}}y(k)\right|^2 \tag{4.1.48}$$

由式(4.1.16)可知

$$A_{D_i}(k)=w_{ik}^2 \tag{4.1.49}$$

定义多变量系统的采样数据阵 Y 在 D_i 方向投影的能量，即

$$A_{D_i}=\sum_{k=1}^{n}\left|D_i^{\mathrm{T}}y(k)\right|^2=\sum_{k=1}^{n}w_{ik}^2 \tag{4.1.50}$$

若观测变量 $y=[y_1,y_2,\cdots,y_p]^{\mathrm{T}}$ 是零均值的随机向量，则各变量的线性组合 $w_i=D_i^{\mathrm{T}}y$ 是一零均值的随机变量，所以指定元各次采样的平方和即其方差的 n 倍，即

$$\sum_{k=1}^{n}w_{ik}^2=n\,\mathrm{var}(w_i)\,,\quad i=1,2,\cdots,p \tag{4.1.51}$$

因此

$$A_{D_i}=n\,\mathrm{var}(w_i) \tag{4.1.52}$$

由于多变量系统的能量可以用观测数据阵的范数表示，即

$$\|Y\|_{\mathrm{F}}^2=\mathrm{trace}(YY^{\mathrm{T}})\equiv\mathrm{trace}(n\Sigma_Y) \tag{4.1.53}$$

因此有如下定义。

定义 4.1.3(投影能量显著性)　观测数据阵对各指定模式投影能量的显著性定义为

$$D_i\% = \frac{A_{D_i}}{\|Y\|_F^2} = \frac{\sum\limits_{k=1}^{n}\left|D_i^{\mathrm{T}} y(k)\right|^2}{\|Y\|_F^2} = \frac{\mathrm{var}(w_i)}{\mathrm{trace}(\Sigma_Y)} \tag{4.1.54}$$

事实上，式(4.1.54)刻画了第 i 种指定模式 D_i 对系统变化的贡献率。$D_i\%$ 取值较大，说明系统的变化可能是由这个模式引起的。DCA 根据式(4.1.54)所得投影能量的显著性，判断相应的故障是否已经发生。

在 DCA 空间投影框架下，故障检测问题可以转化为观测数据 $y(k)$ 在故障子空间 $S_F = \mathrm{span}\{D_{F_1}, D_{F_2}, \cdots, D_{F_{l_F}}\}$ 中投影能量的显著性检测问题，而故障诊断问题则转化为观测数据阵 Y 在子空间 $S_{F_s} = \mathrm{span}\{D_{F_s}\}$ 中投影能量的显著性检测问题。

4.1.4　逐步 DCA 多故障诊断方法

在基于 DCA 的故障诊断中，首先需要定义一组相互正交的变化模式。然而，在大型自动化系统的运作过程中，由故障与征兆关系定义的变化模式并非全部彼此正交。本节提出一种基于非正交指定模式逐步 DCA 分析的多故障诊断方法。

设 D_i $(i=1,2,\cdots,l)$ 是 $l(l \leqslant p)$ 个非正交的指定模式，并记 $D = [D_1\ D_2 \cdots D_l]$。首先，将常见变化模式分为 M 组组内正交的变化模式集，即

$$D^m = [D_1^m\ D_2^m \cdots D_{l_m}^m] \in \mathrm{R}^{p \times l_m}, \quad m = 1,2,\cdots,M \tag{4.1.55}$$

满足

$$D^{m\mathrm{T}} D^m = I \tag{4.1.56}$$

其中

$$\sum_{m=1}^{M} l_m = l \tag{4.1.57}$$

先将观测数据阵 Y 关于第一组正交模式 D^1 做 DCA，将第一组指定模式的影响从观测数据中移除之后，得到残差数据阵 Y^2。然后，将 Y^2 向故障子空间 S_F 投影，根据能量显著性判断是否仍包含其他故障。在确实包含其他故障情况下，对第二组故障模式 D^2 做 DCA，依此类推，直到全部故障模式都考虑过，即

$$Y^1 = Y \tag{4.1.58}$$

$$W^1 = D^{1\mathrm{T}} Y^1 \tag{4.1.59}$$

$$Y^2 = Y^1 - D^1 W^1 \tag{4.1.60}$$

$$W^2 = D_2^{\mathrm{T}} Y^2 \tag{4.1.61}$$

$$Y^3 = Y^2 - D^2 W^2 \tag{4.1.62}$$

$$W^M = D^{M\mathrm{T}} Y^M \tag{4.1.63}$$

$$E = Y^M - D^M W^M \tag{4.1.64}$$

分别计算各次 DCA 分析过程中相应指定元的显著性，判断相应的故障是否已发生，即

$$D_i^m \% = \frac{\mathrm{var}(w_i^m)}{\mathrm{trace}(\varSigma_{Y^m})} , \quad i = 1, 2, \cdots, l_m \tag{4.1.65}$$

这个逐步 DCA 多故障诊断方法如图 4-3 表示。

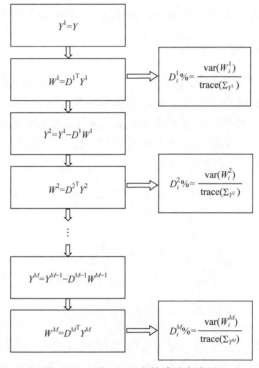

图 4-3　逐步 DCA 多故障诊断方法

定理 4.1.6(观测数据阵关于非正交指定模式分解的可行性定理)　上述 DCA 分析过程事实上是将观测数据矩阵 Y 表示成这些非完全正交模式定义的指定元和的形式，即

$$Y = D^1 W^1 + D^2 W^2 + \cdots + D^m W^m + E \tag{4.1.66}$$

证明：设 $r_1(D^1)$ 表示指定模式矩阵 D^1 的列秩。

若 $r_1(D^1)=p$，即找到 p 个正交的变化模式，根据 DCA 的定义，可以将观测数据阵 $Y\in\mathrm{R}^{p\times n}$ 关于指定元进行完全分解，即

$$Y=D^1W^1 \tag{4.1.67}$$

此时分解的残差阵 $E=0$。

若 $r_1(D^1)<p$，由 D^1 的定义可知 $D_1^1,D_2^1,\cdots,D_{l_1}^1\in\mathrm{R}^{p\times 1}$ 是一组正交的 p 维向量，由线性代数知识可知它们线性无关，并且 $D^1=[D_1^1,D_2^1,\cdots,D_{l_1}^1]\in\mathrm{R}^{p\times l_1}$ 是一个列满秩矩阵。同定理 4.1.4 的证明，利用 D^1 各列张成空间的正交补空间的方法构造标准正交矩阵，即

$$\tilde{D}^1=[D^1\ \tilde{H}^1] \tag{4.1.68}$$

将观测数据阵 Y 关于 $\tilde{D}^1$ 做 DCA，即

$$
\begin{aligned}
\tilde{W}^1 &=\tilde{D}^{1\mathrm{T}}Y\\
&=[D^1\ \tilde{H}^1]Y\\
&=[D^1Y\ \tilde{H}^1Y]\\
&\equiv[W^1\ \hat{W}^1]
\end{aligned} \tag{4.1.69}
$$

观测数据阵 Y 有如下分解式，即

$$
\begin{aligned}
Y &=\tilde{D}^1\tilde{W}^1\\
&\equiv[D^1\ \tilde{H}^1]\begin{bmatrix}W^1\\\hat{W}^1\end{bmatrix}\\
&=D^1W^1+\tilde{H}^1\hat{W}^1
\end{aligned} \tag{4.1.70}
$$

令

$$Y^2=Y-D^1W^1 \tag{4.1.71}$$

对 $D^2=[D_1^2\ D_2^2\cdots D_{l_2}^2]\in\mathrm{R}^{p\times l_2}$ 经过扩维和正交化处理之后可得一标准正交矩阵，即

$$\tilde{D}^2=[D^2\ \tilde{H}^2] \tag{4.1.72}$$

对移除第一组故障后的观测数据阵 Y^2 做关于 $\tilde{D}^2$ 的 DCA，可得

$$Y^2=D^2W^{2\mathrm{T}} \tag{4.1.73}$$

且有 Y^2 关于指定元的分解式，即

$$
\begin{aligned}
Y^2 &=\tilde{D}^2\tilde{W}^2\\
&=D^2W^2+\tilde{H}^2\hat{W}^2
\end{aligned} \tag{4.1.74}
$$

由式(4.1.74)可知

$$Y - D^1 W^1 = D^2 W^2 + \tilde{H}^2 \hat{W}^2 \tag{4.1.75}$$

$$Y = D^1 W^1 + D^2 W^2 + \tilde{H}^2 \hat{W}^2 \tag{4.1.76}$$

重复这个过程直到

$$Y^M = Y^{M-1} - D^{M-1} W^{M-1} \tag{4.1.77}$$

即

$$Y = D^1 W^{1\mathrm{T}} + D^2 W^{2\mathrm{T}} + \cdots + D^M W^{M\mathrm{T}} + E \tag{4.1.78}$$

其中

$$E = \tilde{H}^M \hat{W}^M \tag{4.1.79}$$

∎

定理 4.1.7(观测数据阵指定元分解的收敛性定理)　在观测数据阵基于指定元的分解式(4.1.66)中，适当选取指定模式的情况下，当指定模式数目 $l \to p$ 时，残差阵 $E \to 0$。

证明：若 $r_1(D^1) = p$，由定理 4.1.1 的证明可知 $E = 0$，结论显然成立。

若 $r_1(D^1) < p$，由定理 4.1.1 的证明可知

$$E = \tilde{H}^M \hat{W}^M \tag{4.1.80}$$

由 $\tilde{H}^M$ 的定义可知 $\tilde{H}^M \in \mathrm{R}^{p \times (p - l_M)}$，设

$$\tilde{H}^M = [\tilde{H}^M_{l_M+1} \quad \tilde{H}^M_{l_M+2} \quad \cdots \quad \tilde{H}^M_p] \tag{4.1.81}$$

$$\hat{W}_M = [\hat{W}^M_{l_M+1} \quad \hat{W}^M_{l_M+2} \quad \cdots \quad \hat{W}^M_p] \tag{4.1.82}$$

由 $\tilde{D}^M = [D^M \quad \tilde{H}^M]$ 是标准正交矩阵，可知

$$\tilde{H}^M_i \tilde{H}^{M\mathrm{T}}_q = \begin{cases} 1, & i = q \\ 0, & i \neq q \end{cases} \tag{4.1.83}$$

$$\tilde{D}^M \tilde{D}^{M\mathrm{T}} = I = D^{\mathrm{T}}_M D_M + \tilde{H}^{M\mathrm{T}} \tilde{H}^M \tag{4.1.84}$$

可得

$$\tilde{H}^{M\mathrm{T}} \tilde{H}^M \leqslant I \tag{4.1.85}$$

$$\sum_{i=l_M+1}^p \tilde{H}^M_i \tilde{H}^{M\mathrm{T}}_i \leqslant I \tag{4.1.86}$$

所以

$$\tilde{H}^M_i \tilde{H}^{M\mathrm{T}}_i \leqslant I \tag{4.1.87}$$

$$EE^{\mathrm{T}} = (\tilde{H}^M \hat{W}^M)(\tilde{H}^M \hat{W}^M)^{\mathrm{T}}$$

$$= \left(\sum_{i=l_M+1}^{p} \tilde{H}_i^M \hat{W}_i^M \right) \left(\sum_{i=l_M+1}^{p} \tilde{H}_i^M \hat{W}_i^M \right)^{\mathrm{T}}$$

$$= \left(\sum_{i=l_M+1}^{p} \tilde{H}_i^M \hat{W}_i^M \right) \left(\sum_{i=l_M+1}^{p} \hat{W}_i^{M\mathrm{T}} \tilde{H}_i^M \right)$$

$$= \sum_{i=l_M+1}^{p} \tilde{H}_i^M \hat{W}_i^M \hat{W}_i^{M\mathrm{T}} \tilde{H}_i^{M\mathrm{T}}$$

$$= \sum_{i=l_M+1}^{p} \mathrm{var}(\hat{w}_i^M) \tilde{H}_i^M \tilde{H}_i^{M\mathrm{T}}$$

$$\leqslant \sum_{i=l_M+1}^{p} \mathrm{var}(\hat{w}_i^M) I \tag{4.1.88}$$

$$\|E\|_{\mathrm{F}}^2 = \mathrm{trace}(EE^{\mathrm{T}})$$

$$\leqslant \mathrm{trace}\left(\sum_{i=l_M+1}^{p} \mathrm{var}(\hat{w}_i^M) I \right)$$

$$= p \sum_{i=l_M+1}^{p} \mathrm{var}(\hat{w}_i^M) \tag{4.1.89}$$

由式(4.1.74)可知，对 M 组正交指定模式子集做逐步 DCA 分析后，已把 $l = \sum_{m=1}^{M} l_m$ 种指定模式的影响都从观测数据中移除，所得的残差为

$$E = Y - \sum_{m=1}^{M} D^m W^{m\mathrm{T}} \tag{4.1.90}$$

其中包含的未指定模式 $\hat{H}_{Mi}$ 的方差 $\mathrm{var}(\hat{w}_{Mi})$ 应该很小。当指定模式数目 $m \to p$ 时，$\sum_{i=l_M+1}^{p} \mathrm{var}(\hat{w}_i^M) \to 0$，所以

$$\|E\|_{\mathrm{F}} \to 0 \tag{4.1.91}$$

事实上，由于指定元的方差刻画观测数据阵 Y 在指定模式方向上的覆盖程度，指定的变化模式往往代表数据变化较大的一些方向，其余未指定模式只表示数据变化很小的方向，相应指定元的方差也应很小。若未指定模式的方差较大，说明模式选取不成功，应该进一步利用系统或设备的运行状态信息正确选取指

定模式。

4.1.5　指定模式的定义

开展基于 DCA 的多故障诊断研究，首先定义指定模式。本节给出两种定义指定模式的方法，即知识导引的方式和统计学习的方式。

1. 知识导引的方式

大型自动化系统往往包含很多辅助系统和设备。它们依靠正确的协调来实现系统的正常运行。为了对系统进行健康状态诊断，往往需要安装不同类型的传感器。故障现象与故障原因之间的关系可以用故障征兆集刻画。传感器测量的是一个数值，而征兆实际上是用测量值与标称值的偏离程度表示的。这也是 PCA 中通常将观测数据减去其标称值的一个原因。

根据实际运行经验和论证分析，设系统对 p 个参量(如柴油机等热工系统的温度、压力等)进行监测，每个参量的征兆 u_r 可表示为

$$u_r = \mathrm{sgn}(y_r) = \begin{cases} 1, & y_r > 0 \\ 0, & y_r = 0 \\ -1, & y_r < 0 \end{cases}, \quad r = 1, 2, \cdots, p \tag{4.1.92}$$

其中，$\mathrm{sgn}(\cdot)$ 为符号函数。

此时，待检测系统的征兆组合而成的集合 U 为

$$U = \{(u_1, u_2, \cdots, u_p) \,|\, u_r = -1, 0, 1\} \tag{4.1.93}$$

参考系统运行经验或有关实际故障检测与仿真实验分析结果，某种典型故障对应的故障模式 D_{F_s} 可定义为集合 U 中的相应元素，即

$$D_{F_s} = [d_{F_{s1}}, d_{F_{s2}}, \cdots, d_{F_{sp}}]^{\mathrm{T}}, \quad s = 1, 2, \cdots, l_F \tag{4.1.94}$$

其中，l_F 表示典型故障的数目。

$$d_{F_{sr}} = \begin{cases} 1, & \text{第}s\text{种故障发生时第}r\text{个参量的偏离程度大于0} \\ 0, & \text{第}s\text{种故障发生时不引起第}r\text{个参量的偏离} \\ -1, & \text{第}s\text{种故障发生时第}r\text{个参量的偏离程度小于0} \end{cases} \tag{4.1.95}$$

除了各类典型故障会造成相应观测变量有较大程度的偏离，系统的随机扰动也可能引起一些观测变量的偏离。式(4.1.93)可以表示式(4.1.94)所示的 $C_2^1 p!$ 种变化模式，而式(4.1.94)和式(4.1.95)仅定义了 l_F 种故障模式。类似地，可以定义一些典型的随机扰动模式 $D_{N_t} \in U$，即

$$D_{N_t} = [d_{N_{t1}}, d_{N_{t2}}, \cdots, d_{N_{tp}}]^{\mathrm{T}}, \quad t = 1, 2, \cdots, l_N \tag{4.1.96}$$

其中，l_N 表示典型随机扰动的数目。

$$d_{N_{tr}} = \begin{cases} 1, & \text{第}t\text{种扰动发生时第}r\text{个参量的偏离程度大于}0 \\ 0, & \text{第}t\text{种扰动发生时不引起第}r\text{个参量的偏离} \\ -1, & \text{第}t\text{种扰动发生时第}r\text{个参量的偏离程度小于}0 \end{cases} \tag{4.1.97}$$

记 $l = l_F + l_N$，则式(4.1.94)～式(4.1.97)定义了 l 种变化模式，把其归一化后可得 l 个指定模式，即

$$D_i = [d_{i1}, d_{i2}, \cdots, d_{ip}]^{\mathrm{T}}, \quad i = 1, 2, \cdots, l \tag{4.1.98}$$

它满足 $\|D_i\| = 1$。由式(4.1.98)定义的 l 种指定模式不分先后次序，它们之间可能是正交的，也可能不是。

根据实际运行经验和理论分析，空气压缩机的典型故障有一级吸气阀泄漏、润滑油供给不足、油路堵塞、润滑油受到污染、一级排气阀泄漏、电机传动故障等 17 种模式，对一级排气温度、中间冷却器排气温度、二级排气温度、油冷出口温度、电机电流等 19 个参量进行监测。空气压缩机典型故障-征兆关系如表 4-1 所示。

表 4-1　空气压缩机典型故障-征兆关系

模式	u_1	u_2	u_3	u_4	u_5	u_6	u_7	u_8	u_9	u_{10}	u_{11}	u_{12}	u_{13}	u_{14}	u_{15}	u_{16}	u_{17}	u_{18}	u_{19}
D_1	1	0	0	0	0	0	1	0	0	0	0	0	0	0	0	0	0	0	0
D_2	0	1	0	0	0	0	0	0	0	0	0	0	0	0	0	0	0	0	0
D_3	0	0	1	0	0	0	1	0	0	0	0	0	0	0	0	0	0	0	0
D_4	0	0	0	0	0	0	0	0	0	0	−1	−1	0	0	0	0	0	0	0
D_5	1	1	1	0	0	0	1	0	0	0	0	0	−1	0	0	0	0	0	0
D_6	1	1	0	0	0	0	1	0	0	0	0	0	0	0	0	0	0	0	0
D_7	0	0	0	1	1	1	1	0	0	0	0	0	0	−1	0	0	0	0	0
D_8	0	0	0	0	1	0	0	0	0	0	1	−1	0	0	0	0	0	0	0
D_9	0	0	0	0	0	1	0	0	0	0	−1	0	0	0	0	0	0	0	0
D_{10}	0	0	0	0	0	0	1	0	0	0	−1	0	0	0	0	0	0	0	0
D_{11}	0	0	0	0	0	0	0	0	0	0	−1	0	0	0	0	1	0	0	0
D_{12}	0	0	0	0	0	0	0	0	0	0	0	1	0	0	0	1	0	0	0
D_{13}	0	0	0	0	0	0	0	0	0	0	0	0	0	0	0	1	0	0	0

续表

模式	u_1	u_2	u_3	u_4	u_5	u_6	u_7	u_8	u_9	u_{10}	u_{11}	u_{12}	u_{13}	u_{14}	u_{15}	u_{16}	u_{17}	u_{18}	u_{19}
D_{14}	0	0	0	0	0	0	0	0	0	0	0	0	0	0	0	1	0	0	0
D_{15}	0	0	0	0	0	0	0	0	0	0	0	0	0	0	0	0	1	0	0
D_{16}	0	0	0	0	0	0	0	0	0	0	0	0	0	0	0	0	0	1	0
D_{17}	0	0	0	0	0	0	0	0	0	0	0	0	0	0	0	0	0	0	1

空气压缩机发生的一级吸气阀泄漏故障对应表中的第 4 行，润滑油供给不足故障对应表中第 5 行，润滑油受到的污染故障对应表中第 6 行，这些故障模式可以定义为

$$D_4 = [0\,0\,0\,0\,0\,0\,0\,0\,0\,0\,-1\,-1\,0\,0\,0\,0\,0\,0\,0]^{\mathrm{T}} \tag{4.1.99}$$

$$D_5 = [1\,1\,1\,0\,0\,0\,1\,0\,0\,0\,0\,0\,-1\,0\,0\,0\,0\,0\,0]^{\mathrm{T}} \tag{4.1.100}$$

$$D_6 = [1\,1\,1\,0\,0\,0\,1\,0\,0\,0\,0\,0\,0\,0\,0\,0\,0\,0\,0]^{\mathrm{T}} \tag{4.1.101}$$

从空气压缩机故障模式的定义可以看出，按照式(4.1.98)定义的故障模式并非全部相互正交。非正交指定模式的多故障诊断问题可用 4.1.4 节提出的逐步 DCA 分析方法。

2. 统计学习的方式

一种故障发生时可能使多个传感器的测量结果发生偏离，若将各传感器的测量值看作一个随机变量，则可以根据仅包含某一种故障的典型故障数据的统计特性，通过统计学习的方式定义征兆是否出现。

由大数定理可知，一个随机变量 y_r 的分布近似服从正态分布。不妨设各观测变量 y_r 具有如下分布特性，即

$$y_r \sim N(0, \sigma_r^2) \tag{4.1.102}$$

由正态分布的 3σ 准则可知，y_r 以 99.7% 的概率落入区间 $[-3\sigma_r, 3\sigma_r]$，即

$$P(-3\sigma_r \leqslant y_r \leqslant 3\sigma_r) = 99.7\% \tag{4.1.103}$$

若系统发生第 i 种变化模式时的观测数据为

$$\overline{y}_{D_i} = [\overline{y}_1, \overline{y}_2, \cdots, \overline{y}_p]^{\mathrm{T}} \tag{4.1.104}$$

则可定义第 i 种变化模式为

$$D_i = [u_{i1}, u_{i2}, \cdots, u_{ip}] \tag{4.1.105}$$

$$u_{ir} = \begin{cases} 1, & \overline{y}_r > 3\sigma_r \\ 0, & |\overline{y}_r| \leqslant 3\sigma_r \\ -1, & \overline{y}_r < -3\sigma_r \end{cases} \tag{4.1.106}$$

4.1.6 仿真研究

本节给出基于 DCA 的非正交指定模式多故障诊断方法的仿真结果。仿真中 $p=15$、$n=1000$，设观测数据由 15 种共存的变化模式复合而成，即

$$Y = \sum_{i=1}^{15} D_i \overline{W}_i \tag{4.1.107}$$

其中，$\overline{W}_i$ 为仿真用指定元样本向量；指定模式 $D_1, D_2, \cdots, D_{10}$ 按式(4.1.98)定义，其中 D_1、D_3、D_5、D_8、D_{10} 表示仿真故障模式，D_2、D_4、D_6、D_7、D_9 表示正常随机扰动模式，其余表示非显著的随机变化模式。

在 10 种指定模式中，$D^1 = [D_1, D_2, \cdots, D_6]$ 是一组组内正交指定模式集构成的矩阵，$D^2 = [D_7, D_8, D_9, D_{10}]$ 是另一组组内正交指定模式集构成的矩阵。

假设仿真指定元是均值为 0，方差为 σ_i^2 的正态分布随机变量，MATLAB 中可用如下方式产生 $\overline{W}_i$，即

$$\overline{W}_1 = \text{randn}(1, n) \tag{4.1.108}$$

$$\overline{W}_2 = 0.5\overline{W}_1 + 0.8\text{randn}(1, n) \tag{4.1.109}$$

$$\overline{W}_3 = 0.5\overline{W}_1 + 0.5\overline{W}_2 \tag{4.1.110}$$

$$\overline{W}_4 = 0.5\overline{W}_2 + 0.1\text{randn}(1, n) \tag{4.1.111}$$

$$\overline{W}_5 = \overline{W}_3 + 0.2\overline{W}_4 \tag{4.1.112}$$

$$\overline{W}_6 = 0.2\overline{W}_1 + 0.3\overline{W}_4 \tag{4.1.113}$$

$$\overline{W}_7 = 0.3\text{randn}(1, n) \tag{4.1.114}$$

$$\overline{W}_8 = 0.2\overline{W}_7 + 0.5\text{randn}(1, n) \tag{4.1.115}$$

$$\overline{W}_9 = 0.1\overline{W}_8 + 0.2\text{randn}(1, n) \tag{4.1.116}$$

$$\overline{W}_{10} = 0.4\text{randn}(1, n) \tag{4.1.117}$$

$$\overline{W}_{11} = 0.2\overline{W}_7 + 0.1\overline{W}_8 \tag{4.1.118}$$

$$\overline{W}_{12} = 0.1\overline{W}_6 + 0.1\overline{W}_9 \tag{4.1.119}$$

$$\overline{W}_{13} = 0.1\text{randn}(1, n) \tag{4.1.120}$$

$$\overline{W}_{14} = 0.1\overline{W}_9 + 0.2\overline{W}_{12} \tag{4.1.121}$$

$$\overline{W}_{15} = 0.1\overline{W}_{12} + 0.1\overline{W}_{13} \tag{4.1.122}$$

从 801 个采样点开始，研究故障模式 D_1, D_3, D_5, D_8 和 D_{10} 的影响，增大 $5\sigma_i$，即

$$\overline{W}_i(k) = \overline{W}_i(k) + 5\,\mathrm{var}(\overline{W}_i)，\quad i = 1,3,5,8,10；\quad k = 801,802,\cdots,1000 \tag{4.1.123}$$

各模式对观测数据的影响程度如图 4-4 所示。

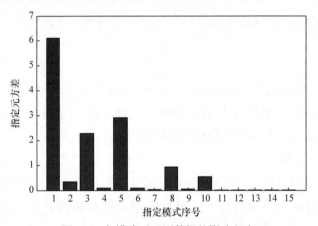

图 4-4　各模式对观测数据的影响程度

1. 基于 PCA 的故障检测与诊断

图 4-5 和图 4-6 所示为 PCA 对观测数据做检测的 Hotelling T^2 图和 SPE 图。可以看出，从 801 个采样点开始，系统发生明显的故障。无论 T^2 还是 SPE 统计量都是对系统整体状况而不是对具体故障的检测，所以图 4-5 和图 4-6 的分析结果只能发出系统异常状况报警，而无法判定究竟发生了哪些故障。

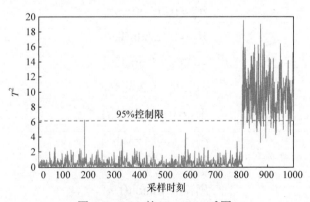

图 4-5　PCA 的 Hotelling T^2 图

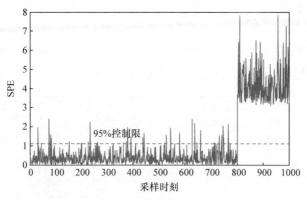

图 4-6　PCA 的 SPE 图

为了判定哪些部位发生故障，可采用基于 PCA 的特征方向法进行故障模式的辨识。直接对观测数据 Y 本身做 PCA，提取其中变化最大的方向作为故障方向，并与已知故障方向相比较。表 4-2 给出了对 Y 直接做 PCA 的第一载荷向量 B_1 与已知故障模式 D_i $(i=1,3,5,8,10)$ 的相似度。这两个标准化向量的方向相似度为

$$s = 1 - c\theta/90 \tag{4.1.124}$$

其中，$c=57.3$ 表示弧度与度的转换系数，$1/90$ 为归一化系数；$|s|=1$ 表示向量 a 与 b 平行，$s=0$ 表示向量 a 与 b 垂直；θ 为向量 a 与 b 的夹角，满足

$$\cos\theta = \frac{<a,b>}{\|a\|\|b\|} \tag{4.1.125}$$

表 4-2　PCA 特征方向法诊断结果与已知故障模式的相似度

故障模式	相似度
D_1	0.3208
D_3	0.2372
D_5	0.2718
D_8	0.1389
D_{10}	0.1165

可以看出，当系统中包含多种故障时，对 Y 做 PCA 的第一载荷向量与故障库中故障的相似度都不超过 0.35。这就使基于 PCA 特征方向法的故障诊断结果是不可靠的。这种先检测再辨识的两步诊断法无法对一些关键故障及时响应，可能会因此影响诊断的针对性和时效性。

2. 基于逐步 DCA 的多故障诊断

对观测数据关于 D^1 中的指定模式做 DCA 分析，绘制观测数据向故障子空间 $S_F = \mathrm{span}\{D_1, D_3, D_5, D_8, D_{10}\}$ 投影的能量曲线，如图 4-7 所示。

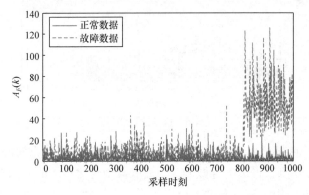

图 4-7　观测数据向故障子空间投影的能量曲线

可以看出，从 801 点开始，观测数据向故障子空间 S_F 投影的能量较大。据此判断系统发生异常，此外也可通过确定投影能量阈值的方法进行系统异常检测。阈值可由多次实验结果或以往的经验确定。

逐步 DCA 多故障诊断的思想是将观测或前一步所得的残差向已知的故障模式方向做投影，然后根据各指定模式的显著性判断相应的故障是否发生。

首先将观测数据阵 Y 关于第一组故障模式 D^1 做 DCA，给出各变化模式的显著性计算结果。表 4-3 表明，观测数据关于故障模式 D_1、D_3、D_5 的显著性较大，据此判断系统发生了这三种故障。

表 4-3　D^1 中各指定模式的显著性

指标	D_1	D_2	D_3	D_4	D_5	D_6
$D_i\%$	0.3507	0.0403	0.2054	0.0401	0.2278	0.0272

如图 4-8 所示，进一步验证了基于表 4-3 进行多故障诊断结果的可靠性。

移除 D^1 中各指定模式的影响后可以得到残差数据阵，将 Y^2 向故障子空间 S_F 投影，并绘制其投影能量曲线(图 4-9)。可以看出，移除 D^1 中各指定模式的影响后，系统中可能还发生了其他故障。为找出这些故障，将残差数据阵 Y^2 关于 D^2 做 DCA，计算各指定模式的显著性(表 4-4)。

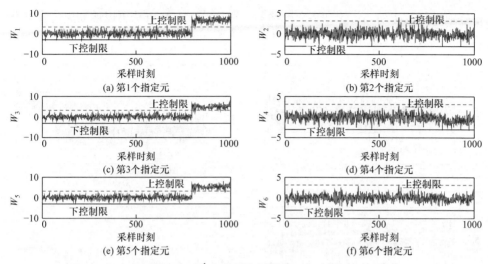

图 4-8　D^1 中各指定元的 Shewhart 图

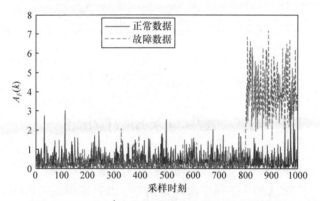

图 4-9　移除 D^1 中模式后向故障子空间投影能量

表 4-4　D^2 中各指定模式的显著性

指标	D_7	D_8	D_9	D_{10}
D_i%	0.0798	0.3927	0.0444	0.3184

　　从表 4-4 可以看出，D_8 和 D_{10} 对系统变化的贡献较大，据此可以判断系统发生这两种故障。

　　如图 4-10 所示，D_8 和 D_{10} 相应指定元的 Shewhart 图在 801 个采样点以后超出了控制限，其余指定元的 Shewhart 图基本都在控制限内。进一步证实了，除了已诊断出的 D_1、D_3、D_5，系统中还包含 D_8、D_{10} 两种故障。

　　综合 4.1.6 节的仿真研究可知，用 PCA 可以有效地检测系统异常，但是无法很好地进行故障模式辨识和多故障诊断。用逐步 DCA 方法可以诊断出仿真观测数据中包含的 5 种故障,与仿真产生 Y 的方式相同。

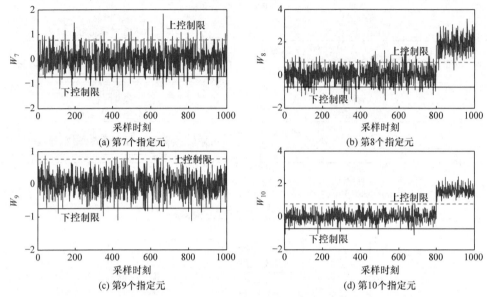

图 4-10　D^2 中各指定元的 Shewhart 图

4.2　微小与未知故障诊断

　　为解决微小故障诊断、未知类型故障诊断问题,我们以 DCA 空间投影框架为基础,给出基于 DCA 的多级微小故障诊断方法及扩展指定元分析(extended DCA,EDCA)未知故障诊断方法。

　　若将各传感器的观测值与相应的标称值之差定义为其偏离程度,那么征兆可以用这种偏离程度来表示。由于故障和征兆间常呈现出非一一对应关系,当某一种故障发生时可能导致多个征兆出现的现象。若将偏离程度较大视为相应的征兆显著,那么相应的偏离程度较小就可视为征兆微小。在系统出现多种故障的情况下,观测数据的偏离程度一方面可能是受多个故障共同影响的结果,另一方面可能是受到随机扰动等正常变化模式及噪声的影响,各种类型的故障呈现征兆的显著性也会各不相同。随着对系统安全性和可靠性要求的进一步提高,人们不仅希望能很好地诊断出有明显征兆的大故障,也希望对那些目前虽然只有微小征兆,却可能在未来演变成有明显征兆而危及系统安全运行的小故障进行及时有效地诊断。人们常称这一过程为微小故障诊断。这些潜在的微小故障若不能得到及时的检测、诊断、修复,将降低系统运作效率,严重时甚至会造成灾难性事故。1986

年，美国航天飞机"挑战者号"因右侧助推器连接处的 O 型密封环损坏引起燃料爆炸的事故，足以说明小故障诊断研究的意义。

在天气等工作环境变换、设备老化等因素的影响下，系统难免出现一些不可预期的故障。一种故障类型未及时正确切除时可能发展成其他类型的故障，也称转换性故障。这些故障都是事前无法预知的，统称为未知类型故障。因此，在大型自动化系统中，故障的类型可能是未知的、故障的数目可能是变化的，开展故障数目可变情况下的未知类型故障诊断研究将是一项非常有应用价值的课题。

为了方便描述，假定各指定模式相互正交。对于非正交情况，用 4.1 节给出的逐步 DCA 分析代替本章的 DCA 分析即可。

4.2.1　基于 DCA 的多级微小故障诊断

系统或设备运作过程中经常会出现多种故障同时发生的情况。各种类型的故障呈现的征兆大小也会有差异，称为多级故障。系统发生的微小故障往往会因其征兆较小而被淹没在噪声或征兆较大的故障中，因此必须对现有的诊断方法进行有效的改进才有望实现对微小故障的诊断。

针对单个微小故障诊断问题，现有的方法多是将观测数据通过滤波去噪预处理，再用相应的方法进行诊断。系统或设备在运作过程中经常出现多种类型故障同时发生的情况，如电力设备可能出现电气类故障和机械类故障等。征兆的相对显著性常有差异，称为多级故障。当小故障不是被噪声淹没，而是淹没在大故障或其他征兆较大的随机扰动中的情况下，解决多级相对微小故障诊断问题就有重要的科学价值和应用前景。

基于统计的小故障诊断方法受到广大学者的关注。在传统的单变量统计诊断方法中，常采用累加和(cumulative sum，CUSUM)控制图法检测过程中的微小变化。由于 CUSUM 控制图并没有考虑观测变量之间的相关性，因此可能出现误报和漏报的现象。

不同于 PCA 将观测数据向载荷向量方向投影的思想，DCA 将观测数据向有明确物理意义的故障模式所在的方向投影，避免 PCA 因模式复合效应而无法进行故障模式的辨识和不能进行多故障诊断的问题。现有的 DCA 故障诊断方法没有考虑故障影响的级别，因此常出现微小故障被大故障淹没的现象。

针对多变量系统微小故障诊断的问题，本节对 DCA 故障诊断方法进行改进，建立基于 DCA 的多级微小故障诊断方法。

1. 观测数据的指定元分解

类似于 PCA 中 y 向载荷向量 B_i 投影的思想，DCA 通过定义或选择包含正常与故障变化的指定模式，将 y 向指定模式 D_i 投影，得到相应的指定元，即

$$w_i = D_i^{\mathrm{T}} y, \quad i = 1, 2, \cdots, l \tag{4.2.1}$$

与观测数据的主元分解式类似，观测数据矩阵 Y 基于指定元的分解为

$$Y = \sum_{i=1}^{l} D_i W_i + E \tag{4.2.2}$$

其中，l 为指定模式的数目；E 为分解的残差阵。

2. 观测空间的多级分解

为方便，记观测空间 $\mathrm{R}^{p \times 1}$ 为 $S \equiv \mathrm{R}^{p \times 1}$，则观测变量 y 的各次观测样本 $y(k) \in S(k = 1, 2, \cdots, n)$。若 l 个指定模式 $D_1, D_2, \cdots, D_l$ 是相互正交的，则存在 $D_{l+1}, D_{l+2}, \cdots, D_p$ 使其与 $D_1, D_2, \cdots, D_l$ 一起构成观测空间 S 的一组基。S 可看作 $D_1, D_2, \cdots, D_p$ 张成的子空间，即

$$S = \mathrm{span}(D_1, D_2, \cdots, D_l, D_{l+1} \cdots, D_p) \tag{4.2.3}$$

观测空间 S 可分解为正常子空间、故障子空间和残差子空间的直和，即

$$S = S_F \oplus S_N \oplus S_E \tag{4.2.4}$$

其中，故障子空间 S_F 由故障模式张成；正常子空间 S_N 由正常随机变化模式张成；残差子空间 S_E 由非显著随机变化模式张成。

将 k 时刻的观测数据 $y(k)$ 向故障子空间 S_F 投影，记 $y(k)$ 向第 s 个故障模式的投影为 $\phi_{sk} = D_{F_s}^{\mathrm{T}} y(k)$，则 $y(k)$ 向故障子空间投影的能量为

$$A_F(k) = \sum_{s=1}^{l_F} \left| \phi_{sk} \right|^2 = \sum_{s=1}^{l_F} \left| D_{F_s}^{\mathrm{T}} y(k) \right|^2 \tag{4.2.5}$$

依据投影能量的显著性，即

$$D_s(k)\% = \frac{\sum_{s=1}^{l_F} \left| \phi_{sk} \right|^2}{\left\| y(k) \right\|_2^2} = \frac{\sum_{s=1}^{l_F} \left| D_{F_s}^{\mathrm{T}} y(k) \right|^2}{\left\| y(k) \right\|_2^2} \tag{4.2.6}$$

可实现系统 k 时刻的故障检测。

然后，将观测数据 Y 向第 s 个故障模式张成的子空间 $S_{F_s} = \mathrm{span}\{D_{F_s}\}$ 投影，计算投影能量 $A_{F_s} = \left\| D_{F_s}^{\mathrm{T}} Y \right\|_2^2 = \sum_{k=1}^{n} \left| \phi_{sk} \right|^2$。根据各指定模式诱发信号的能量显著性，即

$$D_s\% = \frac{\left\| D_{F_s}^{\mathrm{T}} Y \right\|_2^2}{\left\| Y \right\|_F^2} \tag{4.2.7}$$

判断是否发生相应的故障。

当系统中有多个故障时，由于显著故障信号的 SNR 较高，由式(4.2.7)计算的能量显著性也较大，可以诊断出相应故障是否已发生。然而，对于系统中发生的微小故障，由于其 SNR 较低，观测数据对相应故障模式的显著性并不明显，难以明确地进行小故障诊断。

为此，可先移除征兆较大的变化模式(包括显著故障模式和征兆较大的随机扰动模式)的影响，从而增大微小故障信号的 SNR。然后，将移除部分显著指定模式影响后的残差数据向故障子空间投影，判断是否有微小故障发生。最后，计算各故障模式的显著性，进行小故障诊断。

由定理 4.1.4 可知，当指定模式数目 $l < p$ 时，观测空间可分解为指定模式张成的子空间和非显著随机变化模式张成的子空间的直和，即

$$S = S_D + S_E \tag{4.2.8}$$

若按照其造成观测数据偏离程度将指定模式分为 M 组，则可以给出观测空间的多级分解。

定理 4.2.1(观测空间多级分解定理)　观测空间可分解为多级指定模式张成的子空间的直和，即

$$S = S_{D^1} \oplus S_{D^2} \oplus \cdots \oplus S_{D^M} \oplus S_E \tag{4.2.9}$$

其中，D^1 为造成观测数据偏离程度最大的变化模式集构成的矩阵，即第一级主模式类；D^2 为第二级主模式类；D^M 为第 M 级主模式类。

证明：记第 $m\ (m=1,2,\cdots,M)$ 级主模式类 D^m 中的各指定模式张成的空间为

$$S_{D^m} = \operatorname{span}\{D_1^m, D_2^m, \cdots, D_{l_m}^m\}, \quad m=1,2,\cdots,M \tag{4.2.10}$$

由于 D 是 D^m 组成的分块矩阵，即 $D=[D^1,D^2,\cdots,D^M]$，利用 D 的正交性可知

$$S_D = \operatorname{span}\{D_1, D_2, \cdots, D_p\}$$
$$= \operatorname{span}\{D_1^1, D_2^1, \cdots, D_{l_1}^1, D_1^2, \cdots, D_{l_2}^2, \cdots, D_1^M, \cdots, D_{l_m}^M\}$$
$$= \operatorname{span}\{D_1^1, D_2^1, \cdots, D_{l_1}^1\} \oplus \operatorname{span}\{D_1^2, \cdots, D_{l_2}^2\} \oplus \cdots \oplus \operatorname{span}\{D_1^M, \cdots, D_{l_m}^M\} \tag{4.2.11}$$

由式(4.2.8)和式(4.2.11)可知

$$S = S_{D^1} \oplus S_{D^2} \oplus \cdots \oplus S_{D^M} \oplus S_E$$

■

定理 4.2.2(多级微小故障的迭代可诊断性定理)　可通过迭代的方式诊断征兆大小不同的多级微小故障。

证明：记 $S^{(1)} = S$，则式(4.2.9)可改写为

$$S^{(1)} = S_{D^1} \oplus S_E^{(1)} \tag{4.2.12}$$

其中

$$S_E^{(1)} = S_{D^2} \oplus S_{D^3} \oplus \cdots \oplus S_E \tag{4.2.13}$$

由式(4.2.4)可知，每一级指定模式张成的子空间又可分解为相应故障子空间和正常变化模式子空间的直和，即

$$S_{D^1} = S_{F^1} \oplus S_{N^1} \tag{4.2.14}$$

因此

$$S^{(1)} = S_{F^1} \oplus S_{N^1} \oplus S_E^{(1)} \tag{4.2.15}$$

对观测数据 Y 向故障子空间 S_{F^1} 中的各故障方向进行投影，根据投影能量的显著性判断 D^1 中的故障是否已发生。

记 $S^{(2)} \equiv S_E^{(1)}$，可得移除第一级最显著变化模式影响后的残差数据所处空间的分解式，即

$$S^{(2)} = S_{D^2} \oplus S_E^{(2)} \tag{4.2.16}$$

其中，$S_E^{(2)} = S_{D^3} \oplus S_{D^4} \oplus \cdots \oplus S_{D^M} \oplus S_E$，从而有

$$S^{(2)} = S_{F^2} \oplus S_{N^2} \oplus S_E^{(2)} \tag{4.2.17}$$

对残差数据向故障子空间 S_{F^2} 中的各故障方向进行投影，根据式(4.2.7)判断 D^2 中的故障是否已发生。

依此类推，直到移除所有 M 组指定模式的影响，即

$$S_E^{(M)} = S_E$$

∎

3. 多级微小故障诊断方法

定义 4.2.1(多维信号强度)　多维观测数据 $X \in \mathbf{R}^{p \times n}$ 的能量定义为矩阵 X 的 F-范数，即

$$A_E = \|X\|_F \tag{4.2.18}$$

定义 4.2.2(SNR)　多变量系统(4.2.2)的观测数据由多个 p 维信号综合而成，定义系统中第 s 种变化模式诱发的信号 SNR 为

$$\mathrm{SNR}_s = 10 \lg \frac{\|D_s W_s\|_F}{\|Y - D_s W_s\|_F} \tag{4.2.19}$$

定理 4.2.3(小故障诱发信号的 SNR 增大定理)　若 D_i 是显著故障模式，D_s 是非显著故障模式，则移除显著故障模式 D_i 后由 D_s 诱发的故障信号的 SNR 增大。

证明：由于 DCA 分析中各指定元相应的物理意义是明确的，因此

$$\tilde{Y} = Y - D_i W_i \tag{4.2.20}$$

这相当于把第 i 个指定模式从观测数据阵中移除。移除第 i 种变化模式的影响后，第 s 种变化模式诱发的信号 SNR 为

$$\tilde{\text{SNR}}_s = 10\lg\frac{\|D_s W_s\|_F}{\|\tilde{Y} - D_s W_s\|_F} = 10\lg\frac{\|D_s W_s\|_F}{\|Y - D_i W_i - D_s W_s\|_F} \tag{4.2.21}$$

其中，$\|Y\|_F^2 = \sum_{i=1}^{p}\sum_{k=1}^{n} y_i^2(k)$。

记 $Q = D_i W_i$，由指定模式和指定元的定义易知

$$\text{sgn}(q_{jk}) = \text{sgn}(d_{ij}) = \text{sgn}(y_j(k)) \tag{4.2.22}$$

即 $D_i W_i$ 和 Y 中对应元素的符号相同，所以

$$\|Y - D_i W_i - D_s W_s\|_F^2 < \|Y - D_s W_s\|_F^2 \tag{4.2.23}$$

由式(4.2.19)、式(4.2.21)和式(4.2.23)可知

$$\tilde{\text{SNR}}_s > \text{SNR}_s \tag{4.2.24}$$

即移除显著故障模式 D_i 后，由 D_s 诱发的故障信号 SNR 增大。∎

定理 4.2.1～定理 4.2.3 给出这种微小故障诊断思想的理论基础。

定理 4.2.4(小故障的可检测性定理)　移除显著故障模式 D_i 后，根据式(4.2.7)可以更明确地确定小故障 D_s 是否已发生。

证明：由于

$$D_s^T D_i = \begin{cases} 1, & s = i \\ 0, & s \neq i \end{cases} \tag{4.2.25}$$

当 $s \neq i$ 时，有

$$\tilde{A}_{D_s} = \text{var}(\tilde{w}_s)$$
$$= \sum_{k=1}^{n} \tilde{w}_{sk}^2$$
$$= \sum_{k=1}^{n} \left|D_s^T \tilde{y}(k)\right|^2$$

$$= \sum_{k=1}^{n} \left| D_s^{\mathrm{T}}[(Y - D_i W_i)(k)] \right|^2$$

$$= \sum_{k=1}^{n} \left| D_s^{\mathrm{T}} y(k) \right|^2$$

$$= A_{D_s} \tag{4.2.26}$$

$$\left\| \tilde{Y} \right\|_{\mathrm{F}} = \left\| Y - D_i W_i \right\|_{\mathrm{F}} < \left\| Y \right\|_{\mathrm{F}} \tag{4.2.27}$$

从而数据对 D_s 的显著性增大，即

$$\tilde{D}_s\% = \frac{\left\| D_s^{\mathrm{T}} \tilde{Y} \right\|_2^2}{\left\| \tilde{Y} \right\|_{\mathrm{F}}^2} = \frac{\left\| D_s^{\mathrm{T}} Y \right\|_2^2}{\left\| \tilde{Y} \right\|_{\mathrm{F}}^2} > \frac{\left\| D_s^{\mathrm{T}} Y \right\|_2^2}{\left\| Y \right\|_{\mathrm{F}}^2} = D_s\% \tag{4.2.28}$$

所以，可以更明确地判断小故障 D_s 有否发生。

设系统的变化模式按其造成各参量偏离程度的大小依次可以分为 M 组 D^m，各变化模式组 D^m 包含 l_m 个变化模式，满足

$$\sum_{m=1}^{M} l_m = l \tag{4.2.29}$$

将观测数据关于第一组指定模式 D^1 进行 DCA，即

$$W^1 = D^{1\mathrm{T}} Y \tag{4.2.30}$$

利用式(4.2.7)计算观测数据 Y 对 D^1 中各指定模式的显著性，即

$$D_i^1\% = \frac{\left\| D_i^{1\mathrm{T}} Y \right\|_2^2}{\left\| Y \right\|_{\mathrm{F}}^2}, \quad i = 1, 2, \cdots, l_1$$

将 D^1 中显著变化模式的影响从观测数据中移除可以得到第一步 DCA 分析的残差，即

$$Y^2 = Y - \sum_{i=1}^{l_1} D_i W_i = Y - D^1 W^1 \tag{4.2.31}$$

计算残差数据 Y^2 向所有可能故障模式张成的故障子空间 S_F 投影的能量，根据投影能量的大小判断系统中是否还发生微小故障。

在系统发生微小故障的情况下，将 Y^2 关于 D^2 中的各指定模式进行 DCA，即

$$W^2 = D^{2\mathrm{T}} Y^2 \tag{4.2.32}$$

并从 Y^2 中移除 D^2 中的 l_2 个变化模式的影响得到第二步 DCA 的残差 Y_3，即

$$Y^3 = Y^2 - D^2 W^2 \tag{4.2.33}$$

依此类推，直到移除所有 $M-1$ 组显著故障模式后，对所得残差矩阵 Y^M 关于 D^M 做 DCA 可得

$$W^M = D^{MT} Y^M \tag{4.2.34}$$

每一步相应的观测数据对各指定模式的显著性为

$$D_i^m \% = \frac{\left\| D_i^{mT} Y^m \right\|_2^2}{\left\| Y^m \right\|_F^2}, \quad m = 1, 2, \cdots, M \tag{4.2.35}$$

据此可以判断征兆大小不同的多个故障是否已发生。逐级微小故障诊断方法如图 4-11 表示。

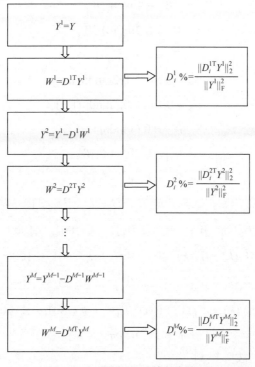

图 4-11　逐级微小故障诊断方法

4. 多级相对微小故障诊断仿真研究

本节给出基于 DCA 的多级相对微小故障诊断方法的仿真研究，取 $p=15$、$n=1000$。设观测数据由 12 种共存的变化模式复合而成，即

$$Y = \sum_{i=1}^{12} D_i \overline{W}_i \qquad (4.2.36)$$

在这 12 种变化模式中，$D_1, D_2, \cdots, D_{10}$ 是按式(4.1.98)定义的正交指定模式，其中 D_1、D_2、D_5、D_{10} 是假定的故障模式，D_2、D_4、D_6、D_7、D_8、D_9 是正常随机扰动模式，D_{11}、D_{12} 是其他非显著的随机变化模式。

假设仿真指定元是均值为 0，方差为 σ_i^2 的正态分布随机变量，可用如下方式产生指定元取值的向量 $\overline{W}_i$，即

$$\overline{W}_1 = \mathrm{randn}(1, n) \qquad (4.2.37)$$

$$\overline{W}_2 = 0.5\overline{W}_1 + 0.8\mathrm{randn}(1, n) \qquad (4.2.38)$$

$$\overline{W}_3 = 0.5\overline{W}_1 + \overline{W}_2 \qquad (4.2.39)$$

$$\overline{W}_4 = 0.5\overline{W}_2 + 0.1\mathrm{randn}(1, n) \qquad (4.2.40)$$

$$\overline{W}_5 = \overline{W}_3 + 0.2\overline{W}_4 \qquad (4.2.41)$$

$$\overline{W}_6 = 0.2\overline{W}_1 + 0.3\overline{W}_4 \qquad (4.2.42)$$

$$\overline{W}_7 = 0.3\mathrm{randn}(1, n) \qquad (4.2.43)$$

$$\overline{W}_8 = 0.2\overline{W}_7 + 0.2\mathrm{randn}(1, n) \qquad (4.2.44)$$

$$\overline{W}_9 = 0.1\overline{W}_8 + 0.2\mathrm{randn}(1, n) \qquad (4.2.45)$$

$$\overline{W}_{10} = 0.5\mathrm{randn}(1, n) \qquad (4.2.46)$$

$$\overline{W}_{11} = 0.2\overline{W}_7 + 0.1\overline{W}_8 \qquad (4.2.47)$$

$$\overline{W}_{12} = 0.1\overline{W}_6 + 0.1\overline{W}_9 \qquad (4.2.48)$$

从 801 个采样点开始，故障模式 D_1、D_2、D_5、D_{10} 的影响增大 $5\sigma_i$，即

$$\overline{W}_1(k) = \overline{W}_1(k) + 5\mathrm{var}(\overline{W}_1), \quad k = 801, \cdots, 1000 \qquad (4.2.49)$$

$$\overline{W}_3(k) = \overline{W}_3(k) + 5\mathrm{var}(\overline{W}_3), \quad k = 801, \cdots, 1000 \qquad (4.2.50)$$

$$\overline{W}_5(k) = \overline{W}_5(k) + 5\mathrm{var}(\overline{W}_5), \quad k = 801, \cdots, 1000 \qquad (4.2.51)$$

$$\overline{W}_{10}(k) = \overline{W}_{10}(k) + 5\mathrm{var}(\overline{W}_{10}), \quad k = 801, \cdots, 1000 \qquad (4.2.52)$$

各变化模式对系统的影响如图 4-12 所示。

1) 基于 PCA 的故障检测

图 4-13 和图 4-14 所示为 PCA 对观测数据做异常检测的 Hotelling T^2 图和 SPE 图。可以看出，从 801 个采样点开始，系统发生明显的故障。无论 T^2 还是 SPE 统计量都是对系统整体状况而不是具体故障的诊断，所以图 4-13 和图 4-14 的结果只能发出系统异常状况报警，而无法判定究竟发生了哪些故障。

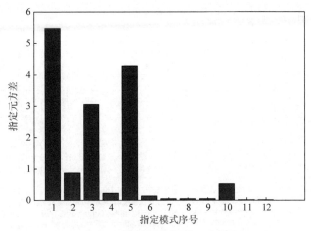

图 4-12　各变化模式对系统的影响

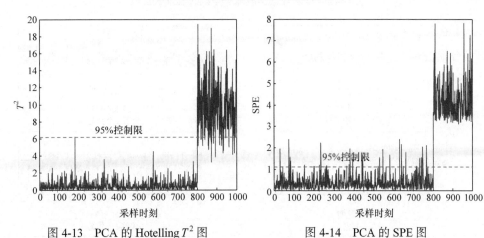

图 4-13　PCA 的 Hotelling T^2 图　　　　　　　图 4-14　PCA 的 SPE 图

2) 基于 DCA 的多故障诊断

对观测数据做 DCA，绘制观测数据向故障子空间投影的能量曲线如图 4-15 所示。

根据式(4.2.7)计算观测数据对各指定模式的显著性，如表 4-5 所示。

表 4-5　观测数据对各指定模式的显著性

模式	D_1	D_2	D_3	D_4	D_5	D_6	D_7	D_8	D_9	D_{10}
D_i/%	0.4431	0.0672	0.2316	0.0172	0.3216	0.0101	0.0029	0.0032	0.0031	0.0455

可以看出，D_1、D_3、D_5 对系统的影响较大，可以判断系统中发生了上述三种故障。为了进一步验证这种根据观测数据对各模式的显著程度进行故障诊断的合

理性, 图 4-16 给出了各指定元的 Shewhart 图。

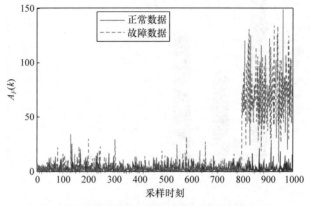

图 4-15 观测数据向故障子空间投影能量曲线

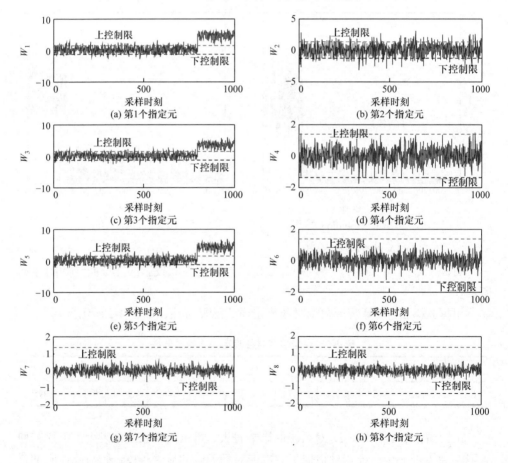

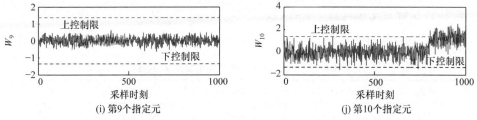

(i) 第9个指定元　　　　　　　　　　(j) 第10个指定元

图 4-16　各指定元的 Shewhart 图

可以看出，第 1、3、5 个指定元的 Shewhart 图在 801 个采样点之后超出控制限，第 2、4、6、7、8、9 个指定元的 Shewhart 图基本都在控制限内，即从第 801 个点开始出现第 D_1、D_3、D_5 三种类型的故障。第 10 个指定元的 Shewhart 图在 801 个采样点后也增大，但并不是明显超出控制限。因此，虽然基于 DCA 的投影能量显著性方法难以明确地判断是否发生了故障 D_{10}，但是指定元的 Shewhart 图表明故障 D_{10} 可能发生了。图 4-16 表明，DCA 是一种有效的多故障诊断方法，但是对于征兆较小故障的检测能力较差。

3) 基于 DCA 的多级相对微小故障诊断

为了更明确地判断小故障 D_{10} 是否发生，先将观测数据 Y 关于第一级主模式类 $D^1 = [D_1, D_2, \cdots, D_6]$ 做 DCA 分析，并移除这 6 种变化模式的影响，记

$$Y^2 \equiv Y - \sum_{i=1}^{6} D_i W_i \tag{4.2.53}$$

然后，对 Y^2 关于第二级主模式类 $D^2 = [D_7, D_8, D_9, D_{10}]$ 构成的模式矩阵 D^2 做 DCA 分析。移除显著模式后故障子空间投影能量如图 4-17 所示。

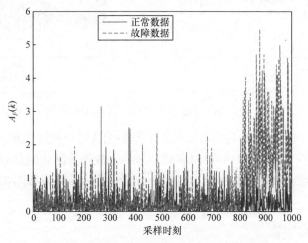

图 4-17　移除显著模式后故障子空间投影能量

移除显著变化模式的影响后,计算残差数据 Y^2 对 D^2 中各指定模式的显著性。如表 4-6 所示,故障模式 D_{10} 对 Y^2 的影响相当大,据此可以判定系统发生故障 D_{10}。

表 4-6　观测数据对非显著指定模式的显著性

模式	D_7	D_8	D_9	D_{10}
$D_i\%$	0.0634	0.0646	0.0640	0.9117

图 4-18 给出了移除显著模式后, $D_7 \sim D_{10}$ 对应指定元的 Shewhart 图。从第 801 个点开始,系统发生故障 D_{10}。

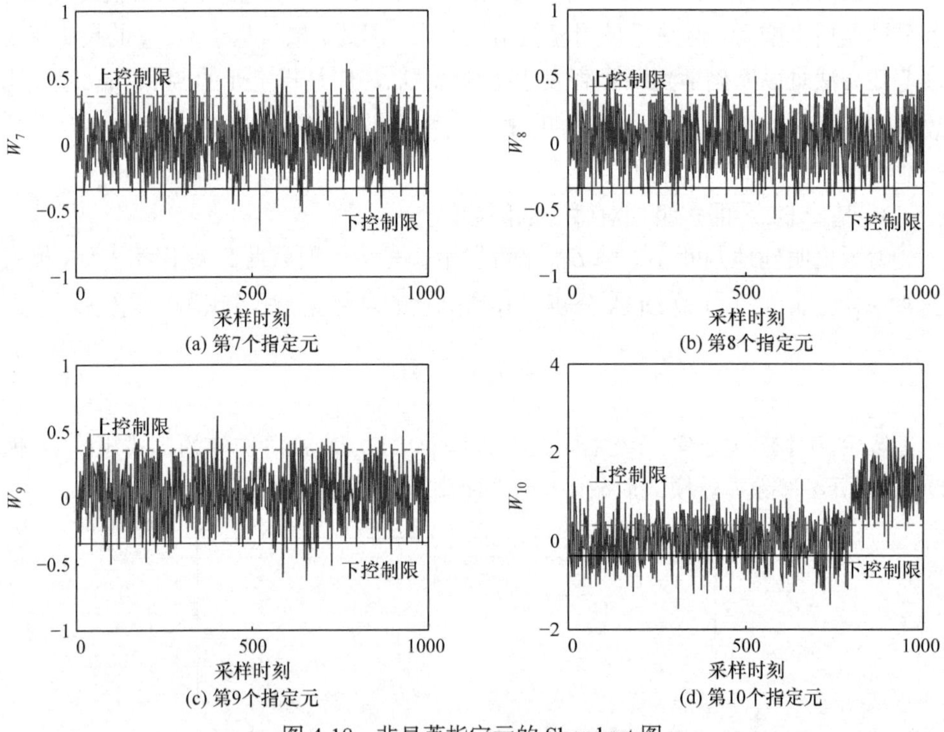

图 4-18　非显著指定元的 Shewhart 图

基于 PCA 可以很好地进行故障检测,但是无法进行故障模式辨识,从而无从进行多故障诊断。基于 DCA 可以有效地进行多故障诊断,但是对微小故障的诊断能力仍显不足。改进后的多级相对微小故障诊断方法可以诊断出系统中发生的微小故障。

4.2.2　未知故障诊断

在天气等工作环境变换、设备老化等因素的影响下,系统难免出现一些不可预期的故障。一种故障类型未及时正确切除时也可能发展成其他类型的故障，称为转换性故障。这些故障都是事前无法预知的，统称为未知类型故障。因此，在大型自动化系统中，故障的类型可能是未知的、故障的数目可能是变化的，开展未知类型故障诊断研究将是一项非常有应用价值的研究。

DCA 是一种知识导引的多变量特征提取工具，可进行多故障诊断。DCA 在已知指定模式定义的空间投影框架内进行分析，因此现有的 DCA 方法虽然能诊断出已知类型的故障是否发生，但是当系统出现新的或未知类型故障时却显得无能为力。

1. 未知故障检测

由于模式的指定无先后次序，有些情况下可能无法刻画绝大多数变化，因此需先判定是否包含未知故障。

由定理 4.1.4 可知，选取 l 个指定模式 $D_1, D_2, \cdots, D_l$ 的情况下，利用正交补空间构造法，总可以找到由指定模式张成的子空间 S_D，即

$$S_D = \mathrm{span}\{D_1, D_2, \cdots, D_l\} \tag{4.2.54}$$

考虑正交补空间 S_E，可得

$$S = S_D \oplus S_E \tag{4.2.55}$$

$$Y = \sum_{i=1}^{l} D_l W_i + E \tag{4.2.56}$$

若观测数据向 S_D 投影的能量 A_{S_D} 占系统总能量 $\|Y_F^2\|$ 的绝大部分，观测数据向残差子空间投影的能量 A_{S_E} 较小，则系统中所有可能故障模式都已包含在 l 个指定模式中；反之，若观测数据中包含未定义的新故障模式，则观测数据向残差子空间投影的能量 A_{S_E} 较大。

定理 4.1.7 也表明，合理选取指定模式的情况下，当指定模式数目 $l \to p$ 时，残差阵 $E \to 0$。

定义 4.2.3(残差的显著性)　DCA 分析残差的显著性定义为

$$\eta = \|E\|_F \tag{4.2.57}$$

可以根据残差的显著性 η 判定系统中有没有新的或未知类型的故障发生。

2. 基于 EDCA 的未知多故障诊断方法

由定理 4.1.4 可知，观测空间具有形如式(4.2.55)的直和分解式，在 DCA 空间投影框架下，未知故障诊断研究内容包括新故障的检测及其模式估计。

　　一旦判定系统中发生未知的新故障，需给出一种方法估计这些可能的新故障方向，以扩展故障模式库，服务于系统未来的多故障诊断。

　　观测空间分解式，即

$$S = S_D \oplus S_E \tag{4.2.58}$$

　　这表明，已知故障模式的影响均已包含在 S_D 中，所以估计新故障方向仅需在残差子空间中用数据驱动的方法，如 ANN、PCA 等。

　　首先，将观测数据关于已知指定模式矩阵 D 做 DCA 分析，并从观测数据中移除已知模式的影响，得到第一步 DCA 分析的残差矩阵，即

$$E^1 \equiv E = Y - \sum_{i=1}^{l} D_i W_i \tag{4.2.59}$$

　　由多元统计分析知识可知，PCA 是一种完全数据驱动的方法，基于 PCA 的贡献图法则可以实现故障的分离，即找出对系统异常贡献比较大的变量。因此，可以通过残差数据 PCA 检测的贡献图法确定新的故障方向 $D_{\mathrm{new},1}$，即

$$D_{\mathrm{new},1} = [d_{\mathrm{new},11}, d_{\mathrm{new},12}, \cdots, d_{\mathrm{new},1p}]^{\mathrm{T}} \tag{4.2.60}$$

其中

$$d_{\mathrm{new},1i} = \begin{cases} 1, & \text{第}i\text{个变量对残差变化的贡献较大且大于零} \\ 0, & \text{第}i\text{个变量对残差变化的贡献较小} \\ -1, & \text{第}i\text{个变量对残差变化的贡献较大且小于零} \end{cases} \tag{4.2.61}$$

　　在有些情况下，贡献图无法保证贡献大的变量一定是贡献变量。本节另外给出一种统计学习的方法确定新的故障方向 $D_{\mathrm{new},1}$。若观测矩阵 Y 是正态分布随机变量观测样本组成的矩阵，则对应残差矩阵的各变量 $e_r^1 (r = 1, 2, \cdots, p)$ 也服从正态分布。由正态分布随机变量的 3σ 准则，可以定义新的故障方向的各分量，即

$$d_{\mathrm{new},1j} = \begin{cases} 1, & e_r^1 > 3\sigma_r^1 \\ 0, & |e_r^1| \leqslant 3\sigma_r^1 \\ -1, & e_r^1 < -3\sigma_r^1 \end{cases} \tag{4.2.62}$$

其中，e_r^1 为残差 E^1 第 r 个分量的取值。

　　本节建立一种 EDCA 未知故障诊断方法，首先判断是否有未知故障发生，然后采用 PCA 检测的贡献图法或统计学习方法估计新故障模式。方法过程如下。

　　首先，对 l 个已知指定模式做 DCA 分析，并将这些变化模式的影响从观测数据中移除，得到残差矩阵 E。若残差阵 E 的范数仍然比较大，由式(4.2.59)可以判定观测数据中可能包含未知故障。

然后，按照式(4.2.61)或式(4.2.62)确定残差数据中的新故障方向。

最后，将残差数据向新故障模式 $D_{\text{new},1}$ 所在方向投影，做 E^1 关于 $D_{\text{new},1}$ 的 DCA 分析，计算故障模式 $D_{\text{new},1}$ 的显著性，并将 $D_{\text{new},1}$ 的影响从残差数据阵 E^1 中移除，得到新的残差数据阵 E^2。重复上述过程，直到残差的范数足够小。方法过程可用数学语言描述为

$$W = D^{\text{T}}Y \tag{4.2.63}$$

$$E = Y - \sum_{i=1}^{n} D_i W_i \tag{4.2.64}$$

$$E^1 = E \tag{4.2.65}$$

$$V_{E^1} = B_{E^1}^{\text{T}} E^1 \tag{4.2.66}$$

$$D_{\text{new},1} = [d_{\text{new},11}, d_{\text{new},12}, \cdots, d_{\text{new},1p}]^{\text{T}} \tag{4.2.67}$$

其中

$$d_{\text{new},1i} = \begin{cases} 1, & \text{第} i \text{个变量对残差变化的贡献较大且大于零} \\ 0, & \text{第} i \text{个变量对残差变化的贡献较小} \\ -1, & \text{第} i \text{个变量对残差变化的贡献较大且小于零} \end{cases} \tag{4.2.68}$$

$$W_{\text{new},1} = D_{\text{new},1}^{\text{T}} E^1 \tag{4.2.69}$$

$$D_{\text{new},1}\% = \frac{\text{var}(W_{\text{new},1})}{\left\| E^1 \right\|_{\text{F}}^2} \tag{4.2.70}$$

$$E^2 = E^1 - D_{\text{new},1} W_{\text{new},1} \tag{4.2.71}$$

基于 EDCA 的未知多故障诊断方法框图如图 4-19 表示。

3. EDCA 未知故障诊断仿真研究

本节给出基于 EDCA 的未知多故障诊断方法的仿真研究，仿真取 $p = 15$、$n = 1000$。设观测数据由 10 种共存的变化模式复合而成，即

$$Y = \sum_{i=1}^{10} D_i' \overline{W}_i \tag{4.2.72}$$

$$D_1' = [1\ \ 1\ \ 0\ \ 0\ \ 0\ \ 0\ \ 0\ \ 0\ \ 0\ \ 0\ \ 0\ \ 0\ \ 0\ \ 0\ \ 0] \tag{4.2.73}$$

$$D_2' = [0\ \ 0\ \ 1\ \ 1\ \ 0\ \ 0\ \ 0\ \ 0\ \ 0\ \ 0\ \ 0\ \ 0\ \ 0\ \ 0\ \ 0] \tag{4.2.74}$$

$$D_3' = [0\ \ 0\ \ 0\ \ 0\ \ 1\ \ 1\ \ 0\ \ 0\ \ 0\ \ 0\ \ 0\ \ 0\ \ 0\ \ 0\ \ 0] \tag{4.2.75}$$

$$D_4' = [0\ \ 0\ \ 0\ \ 0\ \ 0\ \ 0\ \ 1\ \ 0\ \ 0\ \ 0\ \ 0\ \ 0\ \ 0\ \ 0\ \ 0] \tag{4.2.76}$$

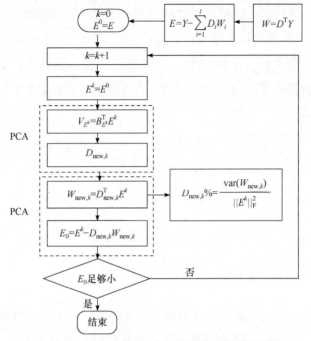

图 4-19 基于 EDCA 的未知多故障诊断方法框图

$$D'_5 = [0 \quad 0 \quad 0 \quad 0 \quad 0 \quad 0 \quad 0 \quad 1 \quad 1 \quad 0 \quad 0 \quad 0 \quad 0 \quad 0 \quad 0] \tag{4.2.77}$$

$$D'_6 = [0 \quad 0 \quad 0 \quad 0 \quad 0 \quad 0 \quad 0 \quad 0 \quad 0 \quad 1 \quad 0 \quad 0 \quad 0 \quad 0 \quad 0] \tag{4.2.78}$$

$$D'_7 = [0 \quad 0 \quad 1 \quad 0 \quad 0 \quad 0 \quad 0 \quad 0 \quad 0 \quad 0 \quad 1 \quad 0 \quad 0 \quad 0 \quad 0] \tag{4.2.79}$$

$$D'_8 = [0 \quad 0 \quad 0 \quad 0 \quad 0 \quad 0 \quad 1 \quad 0 \quad 0 \quad 0 \quad 0 \quad 1 \quad 0 \quad 0 \quad 0] \tag{4.2.80}$$

$$D'_9 = [0 \quad 0 \quad 0 \quad 0 \quad 0 \quad 0 \quad 0 \quad 0 \quad 0 \quad 1 \quad 0 \quad 0 \quad 1 \quad 0 \quad 0] \tag{4.2.81}$$

$$D'_{10} = [0 \quad 0 \quad 0 \quad 0 \quad 0 \quad 0 \quad 0 \quad 0 \quad 0 \quad 0 \quad 0 \quad 0 \quad 0 \quad 1 \quad 1] \tag{4.2.82}$$

各指定模式 D_i 可由 D'_i 经标准化变换得到。在这 10 种变化模式中，$D_1 \sim D_6$ 是正交指定模式，其中 D_1、D_3、D_5 是假定的故障模式，D_2、D_4、D_6 是假定的正常扰动模式；D_7、D_8、D_9 是其他非显著的随机扰动模式，D_{10} 是未知故障模式。

$\overline{W}_i$ 是指定元 w_i 的样本取值向量，用来产生观测数据，假设 w_i 是均值为 0，方差为 σ_i^2 的正态分布随机变量，在 MATLAB 中可以通过下述方式产生，即

$$\overline{W}_1 = \text{randn}(1, n) \tag{4.2.83}$$

$$\overline{W}_2 = 0.1\overline{W}_1 + 0.5\text{randn}(1, n) \tag{4.2.84}$$

$$\overline{W}_3 = 0.8\overline{W}_1 + 0.2\overline{W}_2 \tag{4.2.85}$$

$$\overline{W}_4 = 0.5\overline{W}_2 + 0.1\text{randn}(1, n) \tag{4.2.86}$$

$$\overline{W}_5 = \overline{W}_3 + 0.2\overline{W}_4 \qquad (4.2.87)$$

$$\overline{W}_6 = 0.2\overline{W}_1 + 0.6\overline{W}_4 \qquad (4.2.88)$$

$$\overline{W}_7 = 0.3\mathrm{randn}(1,n) \qquad (4.2.89)$$

$$\overline{W}_8 = 0.02\overline{W}_7 + 0.3\mathrm{randn}(1,n) \qquad (4.2.90)$$

$$\overline{W}_9 = 0.01\overline{W}_8 + 0.4\mathrm{randn}(1,n) \qquad (4.2.91)$$

$$\overline{W}_{10} = 0.4\mathrm{randn}(1,n) \qquad (4.2.92)$$

从第 801~1000 个采样点，指定模式 D_i 的影响均增大 $5\sigma_i(i=1,3,5,10)$，即

$$\overline{W}_i(k) = \overline{W}_i(k) + 5\mathrm{var}(\overline{W}_i)，\quad k = 801,\cdots,1000 \qquad (4.2.93)$$

图 4-20 所示为各指定模式对观测数据的影响程度。

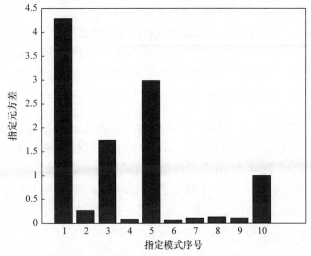

图 4-20　各指定模式对观测数据的影响程度

4. 基于 PCA 的故障检测

首先，对观测数据 Y 做 PCA 故障检测。图 4-21 和图 4-22 给出了用 PCA 对观测数据做故障检测的 SPE 图和 Hotelling T^2 图。可以看出，从 801 个采样点开始系统发生了明显的故障。

无论 T^2 还是 SPE 统计量，都是对系统整体状况的检测，因此图 4-21 和图 4-22 的结果只能发出系统报警，而无法判定究竟哪些故障发生了。

5. 基于 DCA 的已知多故障诊断

对观测数据进行 DCA，并计算各指定模式的显著性，如表 4-7 所示。

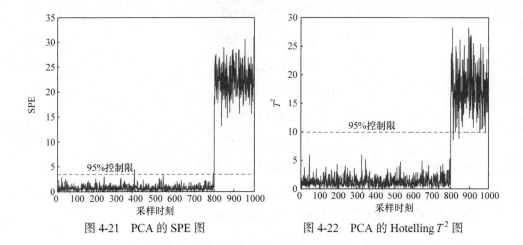

图 4-21　PCA 的 SPE 图　　　　　　图 4-22　PCA 的 Hotelling T^2 图

表 4-7　观测数据对各指定模式的显著性

模式	D_1	D_2	D_3	D_4	D_5	D_6
D_i%	0.4123	0.0368	0.1946	0.0359	0.1849	0.0378

可以看出，D_1、D_3、D_5 对系统的影响较大，据此可以判断系统中发生上述三种故障。为了进一步验证这种根据观测数据向各故障模式投影能量的显著性进行故障诊断的合理性，图 4-23 给出了各指定元的 Shewhart 图。

图 4-23 表明，第 1、3、5 个指定元的 Shewhart 图在 801 个采样点以后超出了控制限，第 2、4、6 个指定元曲线基本都在控制限内，即从第 801 个点开始，系统出现 D_1、D_3、D_5 三种故障。

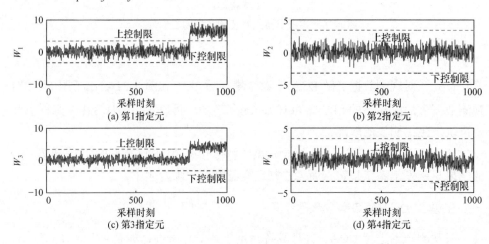

(a) 第1指定元　　　　　　　　　　(b) 第2指定元

(c) 第3指定元　　　　　　　　　　(d) 第4指定元

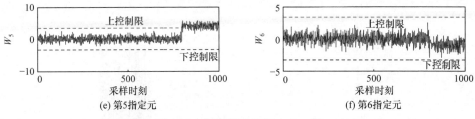

图 4-23　各指定元的 Shewhart 图

6. 基于 EDCA 的未知多故障诊断

对观测数据 Y 关于已知的 6 种指定模式做 DCA，并移除影响后，所得的残差 F-范数为

$$\left\| E^1 \right\|_F = 12.7524 \tag{4.2.94}$$

针对 $p=15$、$n=1000$、$l=6$，通过多组仿真实验结果统计，当残差的显著性不高，即

$$\left\| E \right\|_F < 10 \tag{4.2.95}$$

残差数据不再包含显著故障。因此，取残差显著性的阈值为

$$\delta = 10 \tag{4.2.96}$$

由于

$$\left\| E^1 \right\|_F = 12.7524 > \delta \tag{4.2.97}$$

因此，判定系统发生新的故障。

图 4-24 表明，从 800 个采样点开始残差数据阵 E^1 中包含故障变化模式，验证了基于残差矩阵的显著性判断系统是否发生故障是一种可行的方法。

然后，对残差数据用统计学习方法按照式(4.2.64)定义新的指定模式 $D_{\mathrm{new},1}$，扩展现有的故障库，将残差数据 E^1 关于 $D_{\mathrm{new},1}$ 做 DCA，计算新指定元 $W_{\mathrm{new},1}$ 的显著性，即

$$D_{\mathrm{new},1}\% = 0.5590 \tag{4.2.98}$$

其相应的指定元的 Shewhart 图如图 4-25 所示。可以看出，从 801 个采样点开始，$D_{\mathrm{new},1}$ 对应的指定元的 Shewhart 图超出了控制限，可以判定由 $D_{\mathrm{new},1}$ 定义的故障发生了。DCA 所得的残差 F-范数为

$$\left\| E^2 \right\|_F = 4.2042 < \delta \tag{4.2.99}$$

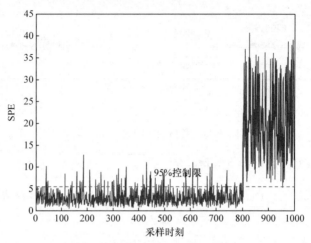

图 4-24 E^1 做 PCA 检测的 SPE 图

为了进一步说明前述阈值 $\sigma = 10$ 选取的合理性，对新的残差 E^2 做 PCA 检测，并绘制相应的 SPE 贡献图，挑选贡献较大的传感器，并据此定义新故障模式 $D_{new,2}$。图 4-26 给出了第 2 个新指定元 $W_{new,2}$ 的 Shewhart 图。可以看出，残差 E^2 已基本不再包含新故障。

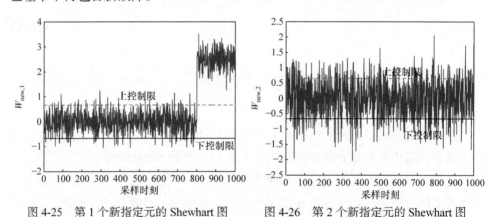

图 4-25   第 1 个新指定元的 Shewhart 图　　　图 4-26   第 2 个新指定元的 Shewhart 图

根据 3σ 准则，用统计学习方法定义残差 E^1 中包含的新故障模式为

$$D_{new,1} = [0,0,0,0,0,0,0,0,0,0,0,0,0,1,1]^T \qquad (4.2.100)$$

与仿真观测数据加入的故障 D_{10} 有非常高的相似度，即

$$D_{10} = [0,0,0,0,0,0,0,0,0,0,0,0,0,0,1,1]^T \qquad (4.2.101)$$

由上述仿真研究可知，基于 DCA 的多故障诊断方法可以诊断出系统发生了 D_1、D_3、D_5 三种故障。基于 EDCA 的方法可以检测出系统发生 D_1、D_3、D_5 之外

的未知故障，并估计出新故障的方向 $D_{\text{new},1}$。$D_{\text{new},1}$ 与仿真观测数据时加入的故障 D_{10} 相似度较高。

4.3　船舶主机故障诊断应用

本节以船舶主柴油机为应用对象，验证拟多尺度故障检测与基于 DCA 的多诊断方法的有效性。由于在船舶主机上获得故障数据是非常困难的，也不能对船舶主机进行破坏性故障实验，因此本章以上海海事大学自主研发的轮机模拟器的主机系统为对象，在实验室进行柴油机多种状态下的故障模拟试验，采集不同故障实验条件下的观测数据，开展数据驱动的船舶主柴油机故障检测与诊断方法研究。首先，概述船舶主柴油机故障的性质，分析采用数据驱动故障诊断的研究意义和必要性。然后，分析研究对象的故障与征兆间的关系，为知识导引的数据驱动故障诊断提供必要的知识。最后，开展基于拟 MSRPCA 异常检测方法和基于 DCA 的多故障诊断方法应用研究[1]。

4.3.1　船舶主柴油机故障诊断概述

随着世界贸易的飞速发展和人们对海洋资源的不断开发利用，作为海上运输工具的船舶正逐步向大型化、高附加值、智能型和低成本运行的趋势发展，要求与之配套的主机是输出功率大、结构紧凑、操纵维修方便、排放及节能兼顾的环保型、国际先进水平的船用柴油机。

安全是船舶航运中至关重要的问题。近年来，随着航运事业的快速发展，各种航运事故乃至恶性事故时有发生。综合分析这些航运事故可以发现，影响安全的主要因素有三个方面，即船舶内部因素、人为因素、外部因素。船舶的内部因素主要体现在机舱各种机械电气设备、驾驶室的导航设备及各种远程控制系统的故障等。

主柴油机作为船舶的心脏，其安全、可靠、稳定地运行对整个船舶的安全有举足轻重的影响。

1. 船舶主柴油机故障的性质

船舶主柴油机系统是非线性系统。其激励和响应具非线性性和非平稳性，且系统故障的产生是由许多因素造成的。从系统论的观点看，柴油机系统中包含多个子系统，且各子系统间相互影响，关系复杂。在工作过程中，柴油机系统零部件的磨损、疲劳、老化等因素都会引起系统结构的劣化与失效，以及各子系统因果关系的变化，使系统故障特征在传播过程中受到一定的扭曲，再加上传播路径也不止一条等因素，从而使一个原始故障源可能表现为多个子系统故障。因此，故障源与故障征兆并不是一一对应的。柴油机故障的性质主要表现在以下几个方面。

1) 故障的复杂性

柴油机的结构是非常复杂的，决定了故障诊断的复杂性。尽管柴油机以一定的周期进行工作，但在每个工作循环中，其压力和温度都并不相同。这也造成相同工况下参数的差异。同时，有些故障具有一些相同的故障征兆，这要求人们进行多方面、多层次地分析。

2) 故障的相对性和相关性

柴油机故障特征与一定的条件和环境有关，不同条件和环境下的故障表现形式有时并不相同。另外，由于柴油机系统是由各子系统相互关联的，因此某一子系统的故障又可能影响其他相关子系统的工作状态。

3) 多故障并发性

由于结构零部件繁多，柴油机工作时会不可避免地存在多个故障同时发生的可能性。如何通过有效方法把各个故障的特征准确表达出来，并识别故障的类型，是目前柴油机故障诊断技术的"瓶颈"。柴油机的故障诊断对象多而复杂，并且不同诊断对象间的特征信息可能相互干扰，彼此耦合，使柴油机故障诊断极为复杂。

从以上的分析不难看出，柴油机故障诊断非常复杂，因此需要掌握柴油机的运行机理，或者提取更多准确反映柴油机状态的参数，进行海量数据分析，才能准确地识别出故障。本章开展数据驱动的船舶主柴油机多故障诊断方法的研究，解决无法通过建立复杂机理模型进行故障诊断的难题。

2. 船舶主柴油机故障诊断方法分类

长久以来，船舶主柴油机的状态检测与故障诊断技术的研究都得到广泛的重视。其诊断的新方法和新技术也层出不穷，从基于定量模型的方法、基于定性模型的方法到基于统计等的数据驱动方法都有研究。

基于柴油机燃烧过程的模型极为复杂，并且需要一些简化的假设，对于模型的类型也需要仔细的研究。同时，需要辅助一些经验的分析，以达到对柴油机状态的准确评定。基于模型的柴油机故障诊断技术具有一定的意义，并得到许多科研工作者的关注和研究。

船舶柴油机是一个大型设备，很难建立基于模型的故障诊断方法所需的准确机理模型。特别地，柴油机缸内燃烧过程是一个极其复杂的化学反应过程，这个过程既不等容，也不是等压。由于反应时间很短(转速为 1500r/min 的四冲程柴油机，反应时间仅为 4ms)，因此燃烧过程很难被准确描述。柴油机缸内燃烧是一个压燃的过程，加上缸内气体的紊流，使整个过程更加复杂。因此，采用基于模型的方法进行柴油机故障诊断极为复杂，不易实现。但是，燃烧过程可以用一个工作循环较好地描述，因此采用柴油机的状态数据开展基于数据驱动的柴油机状态识别成为可能。

随着对船舶安全性要求的提高，对船舶设备的故障诊断的手段也提出新的要求，各种故障检测和报警系统被应用于船舶机舱设备中，从而可以获得大量数据。把数据信息转化为有用的健康状态信息，可以解决船舶主机故障诊断面临的"数据丰富、信息匮乏"问题，进一步提高故障诊断的性能。

柴油机故障诊断可通过油液检测技术分析、振声信号分析和热工性能参数分析等方式实现，如图 4-27 所示。其中，热工性能参数(如功率、转速、气缸压力、温度等)分析是柴油机健康状态检测的基本方法之一。

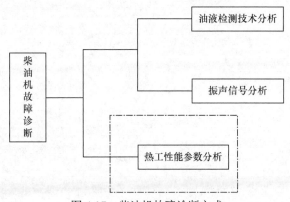

图 4-27　柴油机故障诊断方式

本章拟将柴油机运行中的热工性能参数作为信息源，研究数据驱动的柴油机健康状态检测方法。

PCA 是常用的数据驱动方法之一，为了适合不同应用的需要，很多改进或扩展的 PCA 方法均被提出。但是，基于 PCA 的方法因模式复合效应只能进行故障检测，无法进行故障模式的辨识，且无法做多故障诊断。DCA 是一种知识导引的多变量特征提取方法，可以克服 PCA 的不足。本章开展基于拟 MSPCA 的故障检测方法和基于 DCA 的多故障诊断方法在船舶柴油机健康状态检测中的应用研究。

4.3.2　研究对象

1. 5668TEU "新常熟" 轮

作为船舶主动力装置的核心，大型低速柴油机在各类船舶上应用广泛。20 世纪，经过激烈竞争，大型低速柴油机由十余种厂家淘汰为如今的三家，即 MAN B&W、Wartlisa NSD 和三菱 UEC。在船用低速柴油机营销中，MAN B&W 占有较大的市场份额。所以，我们的研究对象为具有广泛性和代表性的集装箱船 5668TEU(twenty-feet equivalent unit) "新常熟"轮(图 4-28)所配备的 MAN B&W 12K90MC-C 型二冲程、单作用、直接可逆转、废气涡轮增压、直流阀式、长行程、低速船用柴油机。

图 4-28　5668TEU 集装箱船

集装箱运输是当今国际贸易货运的主要方式之一。5668TEU "新常熟"轮是迄今我国自行建造的装箱量最大、航速最快、技术性能最先进的大型集装箱船之一。其船体基本参数如表 4-8 所示。

表 4-8　"新常熟"轮船体基本参数

参数	值
缸数	12
缸径	900mm
冲程	2300mm
额定功率	54720kW
最高爆发压力	140.9MPa
营运功率	41096kW(75%)
额定转速	104r/min

参数	值
营运转速	94r/min
额定耗油	174g/(kW·h)

"新常熟"轮主机为12缸、缸径为900mm、冲程为2300mm、可燃用380Cst/50℃燃油。表 4-9 所示为 B&W 12K90MC-C 柴油机的基本参数。SMSC-2007 轮机模拟器如图 4-29 所示。

表 4-9 B&W 12K90MC-C 柴油机的基本参数

参数		值
吃水/载重量 (每厘米吃水 92t)	空载	4.95m
	满载	14.0m
	热带	14.313m/72017.6t
	夏季	14.021m/69303.4t
	冬季	13.729m/66616.4t
长度	总长	279.9m
	两柱间长	265.8m
型宽		40.3m
型深		24.1m
集装箱的载重量		5668 TEU
航速设计	吃水时	14.0m
	服务航速	25.91 节(1 节=1.852km/h)
	续航力	21000 海里(1 海里=1.852km)
主机	型号	B&W 12K90MC-C
	功率	54720kW(104r/min) 41096kW(94r/min)
	燃油耗油率	172.6g/(kW·h)
螺旋桨	叶片数	6
	桨重	76513kg
	直径	8.3m
	材质	镍铝青铜
船级		CCS(China Classification Society，中国船级社) AUT-0

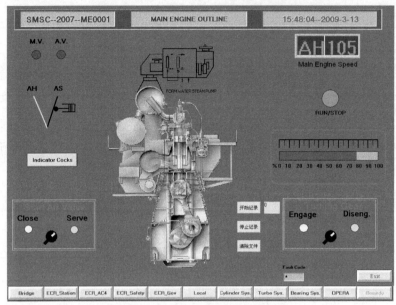

图 4-29　SMSC-2007 轮机模拟器

2. 数据来源

基于数据的故障诊断研究，需要获取大量的数据样本，但在一台实际应用的船舶主机上获得故障样本是非常困难的。因此，上海海事大学开发了 SMSC-2007 轮机模拟器，以 5668TEU "新常熟" 为应用实体，在实验室进行柴油机多种状态下的模拟试验，把不同状态下测试的数据作为样本，研究数据驱动的柴油机故障诊断方法。

SMSC-2007 轮机模拟器的仿真建模精确性较高，已在福州、广州、青岛等海员培训中广泛应用。为解决实船故障数据难以获取的问题，我们以轮机模拟器的仿真故障数据样本为对象，进行有关信息的提取和柴油机健康状态检测。

3. 船舶主柴油机故障诊断的层级结构

船舶主柴油机的故障诊断分为操纵系统故障诊断、动力系统故障诊断和负载系统故障诊断。动力系统是船舶安全运行的核心，因此动力系统的故障诊断受到广泛关注。船舶主机分层诊断模型如图 4-30 所示。

4. 故障-征兆关系

柴油机常见故障类型和发生概率如表 4-10 所示。可以看出，燃油喷射系统是比较常发生故障的一个子系统。本节以燃油喷射系统为例，进行故障检测和诊断方法的应用研究。

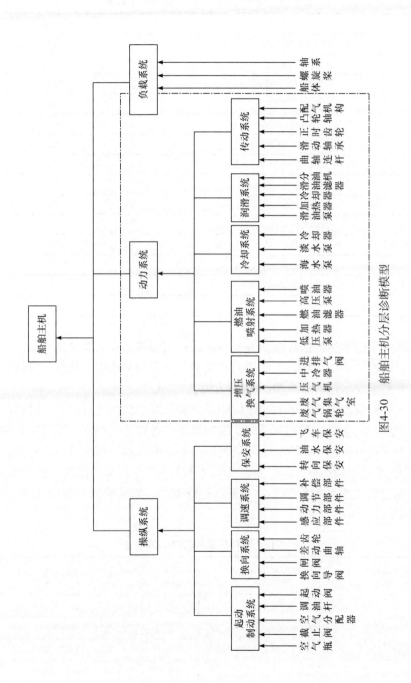

图4-30　船舶主机分层诊断模型

表 4-10　柴油机常见故障类型和发生概率

故障类型	发生概率/%
喷油设备及供油系统故障	27.0
漏水故障	17.3
阀门及阀门座故障	11.9
轴承故障	7.0
活塞组件故障	6.6
漏油及润滑系统故障	5.2
涡轮增压系统故障	4.4
齿轮及驱动装置故障	3.9
调速器故障	3.9
燃油泄漏	3.5
漏气	3.2
基座故障	0.9
曲轴故障	0.2
其他故障	5.0

　　燃油子系统常见的故障包括各缸喷油器针阀磨损、喷油器喷油过早、喷油器喷油过迟、喷油器油嘴堵塞、高压油管漏油、高压油泵磨损、扫气口脏堵、排气道脏堵和燃油含水过多等 9 类、97 种故障。

　　参考船舶机舱智能诊断的实际应用需求和仿真模拟的可行性，在 SMSC-2007 上进行故障仿真实验，对扫气压力、缸内爆压、各缸排气温度、排气总管温度、排气压力、扫气温度、空冷器空气进出口温差、空冷器冷却水进出口温差、各缸压缩压力、增压器转速、单缸功率、油门开度、缸套和缸头温度、缸喷油压力、主轴承温度、主机功率等热工性能参数进行观测。观测变量及故障-征兆关系如表 4-11 所示。

表 4-11　观测参量及故障-征兆关系

故障编号	故障-征兆关系	变量编号	观测变量
No.001-012 各缸喷油器针阀磨损	2,3,10,11,17,18,19	1	扫气压力
		2	缸内爆压
		3	各缸排气温度
		4	排气总管温度
		5	排气压力

续表

故障编号	故障-征兆关系	变量编号	观测变量
N0.013-024 各缸喷油器喷油过早	2,3,11,12,13,16,20	6	扫气温度
		7	空冷器空气进出口温差
		8	空冷器冷却水进出口温差
No. 025-036 各缸喷油器喷油过迟	2,3,5,10,11,18,21	9	各缸压缩压力
		10	增压器转速
		11	单缸功率
		12	油门开度
No.037-048 各缸喷油器油嘴堵塞	2,3,11,22	13	缸套和缸头温度
		14	缸喷油压力
		15	主轴承温度
		16	主机功率
		17	燃油雾化不良
No.049-060 高压油管漏油	2,3,10,11,14	18	排气带黑色
No.061-072 各缸高压油泵磨损	2,9,10,11,13,14	19	有敲击声
No.073-084 各缸扫气口脏堵	1,2,3,5,7,9, 18,21,23,25	20	启动时有爆冷现象
No.085-096 各缸排气道脏堵	1,3,5,7, 20,23	21	扫气箱着火
		22	高压油管脉动
		23	增压器喘振
No.97 燃油含水过多	2,3,10,16	25	拉缸

如表 4-12 所示，采集到的观测数据是这些参数观测值，而故障的征兆往往由有关参量的变化量决定。因此，取得柴油机运行状态的观测数据后，可将其减去表 4-12 中相应的标称值得到各参量的增量构成数据阵(仍然称为观测数据阵)。

表 4-12 主机正常运行参数表

参数	主机载荷	
	75%	100%
主机功率	41096kW	54720kW
主机转速	94r/min	104r/min

续表

参数	主机载荷	
	75%	100%
平均指示压力	15.90bar(1bar=10⁵Pa)	18bar
燃油消耗率	172.6g/(kW·h)	174g/(kW·h)
增压器转速	9150r/min	10600r/min
压气机后的压力	0.22MPa	0.26MPa
扫气压力	0.188MPa	0.263MPa
扫气温度	36℃	47.7℃
空冷器前气温	187℃	200℃
空冷器后气温	30℃	32℃
排气总管压力	0.215MPa	0.254MPa
透平前温度	325℃	370℃
透平后温度	220℃	234℃
气缸排气温度℃	278℃	307℃
爆压/压缩压力	126.8bar/95.5bar	140.9bar/121.8bar
主轴承/活塞冷却油压力	0.24MPa/0.29MPa	0.24MPa/0.29MPa
凸轮轴滑油进口压力	0.22MPa	0.22MPa
缸套冷却水压力	0.29MPa	0.29MPa
空冷器冷却水进口压力	0.24MPa	0.23MPa
控制空气压力	0.7MPa	0.7MPa
燃油进机压力／温度	0.8MPa/33℃	0.74MPa/32℃
凸轮轴滑油进/出温度	40℃/42～44℃	41℃/42～45℃
滑油进机温度/推力块温度	43℃/48℃	43℃/50℃
活塞冷却油进/出温度	43℃/51℃	43℃/53～54℃
空冷器冷却水进/出口温度	25℃/40℃	27℃/52℃
缸套冷却水进/出口水温	71℃/78.8℃	71℃/80.7℃
增压器进/出口油温	43℃/70℃	43℃/80℃

4.3.3　故障实验环境

根据专家分析和统计，船舶运行在 5 个不同的工况，参数如表 4-13 所示。

表 4-13　船舶运行工况参数

编号	工况	额定转速/(r/min)
1#缸	港内微速	30
2#缸	前进 1	45
3#缸	前进 2	65.5
4#缸	前进 3	82.5
5#缸	前进 4	104

船舶有 98% 的时间处于海面全速运行状态，即前进 4。在轮机模拟器上进行故障仿真实验时，假设主柴油机全速运行过程中 1#缸发生了喷油定时太早、高压油泵磨损和扫气口脏堵三种故障，分别采集正常和故障情况下的热力性能参数的观测数据，样本采样间隔为 10 拉秒，每组数据采 512 个样本点，分别记录 1#缸在正常运作时仅发生 1#缸喷油器喷油过早，以及同时发生 1#缸高压油泵磨损和 1#缸扫气口脏堵时各观测变量的观测数据。

4.3.4　船舶主柴油机故障诊断

针对 1#缸喷油器喷油过早，开展基于拟 MSPCA 的异常检测方法在船舶主机故障检测中的应用研究。针对同时发生缸高压油泵磨损和扫气口脏堵故障，开展基于 DCA 的故障诊断方法在船舶主机多故障诊断中的应用研究。

1. 拟多尺度主元分析异常检测

在轮机模拟器平台 SMSC-2007 下，进行故障实验。在第一种实验场景下，从第 313 个采样点开始，1#缸发生喷油器喷油过早的故障，记编号为 No.13。该故障的显著症状包括爆压升高、排气温度下降、功率增大、油耗升高、缸套温度降低等。发生喷油过早故障时主要参数变化曲线如图 4-31 所示。其中，各参量的观测值都是减去其标准值后的增量。

对该故障情况下采集到的柴油机热工性能参数的观测数据阵 Y 做 PCA 检测。如图 4-32 所示，从 313 个采样时刻开始，柴油机发生故障。图 4-32 和图 4-33 分别给出了用 PCA 和 MSPCA 做故障检测的 SPE 图。不难看出，柴油机运行状况可以通过对热工参量监测数据的 PCA 检测实现，且基于多尺度统计特征提取的方法可以减少故障检测的漏报率。如表 4-14 所示，PCA 的漏报率明显优于 RPCA、MSPCA 和拟 MSPCA 方法，因此使用基于多尺度方法可以尽量降低故障漏报的可能。拟 MSPCA 的漏报率为 0 表明，拟 MSPCA 有望用于对漏报率要求较苛刻的灾难性故障诊断。

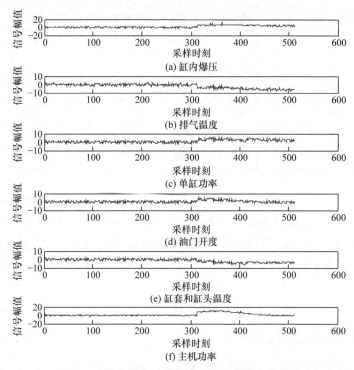

图 4-31　发生喷油过早故障时主要参数变化曲线

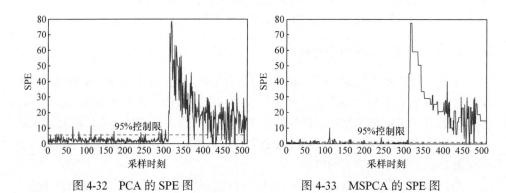

图 4-32　PCA 的 SPE 图　　　　　图 4-33　MSPCA 的 SPE 图

表 4-14　不同故障检测方法的漏报率和误报率比较

故障检测方法	漏报点数	漏报率/%	误报点数	误报率/%
PCA	24	4.69	14	2.73
MSPCA	4	0.78	51	9.96
拟 MSPCA	0	0	84	16.41

不难发现,就多尺度故障检测方法而言,拟 MSPCA 方法的漏报率小于 MSPCA 故障检测方法,且仅用一个主元模型实现各尺度上小波系数的挑选还可以节省多尺度滤波所需的计算量。虽然拟 MSPCA 方法在多尺度滤波过程中所需的计算量小于 MSPCA 方法,但是这种计算量的减小是以误报率的增高为代价的。

拟 MSPCA 是一种很好的故障检测方法,但是受 PCA 模式复合效应的影响,无法进行故障模式的辨识,因此不能确定系统的哪个部件发生故障。

柴油机是一个复杂系统,各部件间紧密耦合,同时发生多种故障的可能性较大。发生多故障的情况下,基于 PCA 的方法仍然可以有效地进行故障检测,但是因为无法进行故障模式辨识,所以无法实现多故障诊断。

2. 基于 DCA 的多故障诊断

在第二种实验场景下,柴油机 1#缸同时发生 1#缸高压油泵磨损(No.61)和 1#缸扫气口脏堵(No.73)时,用基于 DCA 的方法可以实现柴油机故障诊断。

发生高压油泵磨损和扫气口脏堵故障时主要参数变化曲线如图 4-34 所示。

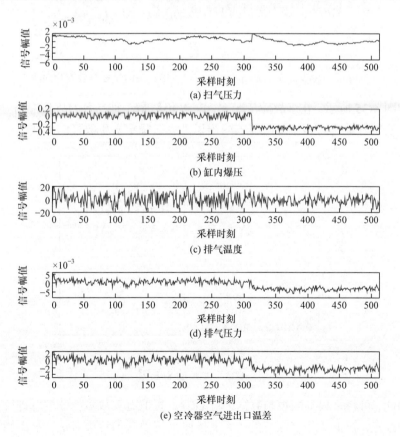

(a) 扫气压力

(b) 缸内爆压

(c) 排气温度

(d) 排气压力

(e) 空冷器空气进出口温差

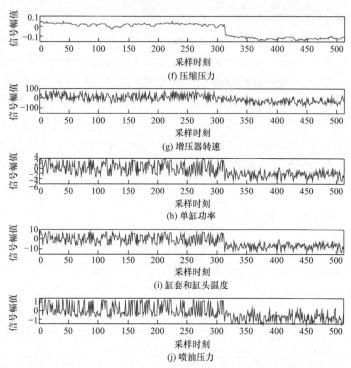

图 4-34　发生高压油泵磨损和扫气口脏堵故障时主要参数变化曲线

如图 4-35 所示，在多故障情况下，PCA 仍然是一种高效的故障检测方法，但因其无法很好地进行多个故障模式的辨识，无法确定发生故障的部件。

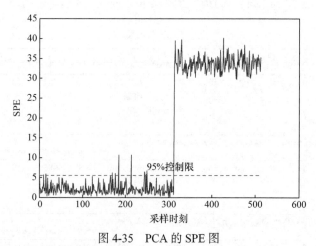

图 4-35　PCA 的 SPE 图

为此，可将采集到的观测数据进行 DCA，提取有关故障特征信息进行多故障诊断。首先，根据故障与征兆的关系，按照指定模式的定义方法，给出燃油喷射系统中常见的 9 类故障的故障模式 $D_1, D_2, \cdots, D_9$。它们分别对应 1#缸喷油器针阀磨损、喷油器喷油过早、喷油器喷油过迟、喷油器油嘴堵塞、高压油管漏油、高压油泵柱塞磨损、扫气口脏堵、排气道脏堵、燃油含水过多，即

$$D_1 = [0 \ 1 \ 1 \ 0 \ 0 \ 0 \ 0 \ 0 \ 0 \ 1 \ -1 \ 0 \ 0 \ 0 \ 0 \ 0]^T$$

$$D_2 = [0 \ -1 \ -1 \ 0 \ 0 \ 0 \ 0 \ 0 \ 0 \ 0 \ -1 \ 1 \ -1 \ 0 \ 0 \ 0]^T$$

$$D_3 = [0 \ -1 \ 1 \ 0 \ 1 \ 0 \ 0 \ 0 \ 0 \ 1 \ 0 \ 0 \ 0 \ 0 \ 0 \ -1]^T$$

$$D_4 = [0 \ -1 \ -1 \ 0 \ 0 \ 0 \ 0 \ 0 \ -1 \ 0 \ -1 \ 1 \ 0 \ 0 \ 0 \ 0]^T$$

$$D_5 = [0 \ -1 \ -1 \ 0 \ 0 \ 0 \ 0 \ 0 \ -1 \ -1 \ -1 \ 0 \ 0 \ -1 \ 0 \ 0]^T$$

$$D_6 = [0 \ -1 \ 0 \ 0 \ 0 \ 0 \ 0 \ 0 \ -1 \ -1 \ -1 \ 0 \ -1 \ -1 \ 0 \ 0]^T$$

$$D_7 = [1 \ -1 \ 1 \ 0 \ -1 \ 0 \ -1 \ 0 \ 0 \ 0 \ 0 \ 0 \ 0 \ 0 \ 0 \ 0]^T$$

$$D_8 = [1 \ 0 \ 1 \ 0 \ -1 \ 0 \ -1 \ 0 \ 0 \ 0 \ 0 \ 0 \ 0 \ 0 \ 0 \ 0]^T$$

$$D_9 = [0 \ -1 \ -1 \ 0 \ 0 \ 0 \ 0 \ 0 \ -1 \ -1 \ 0 \ 0 \ 0 \ 0 \ -1 \ -1]^T$$

对这些故障模式归一化可得 9 个指定模式 $D_1, D_2, \cdots, D_9$。由于这 9 个指定模式间并非全部相互正交，因此采用逐步 DCA 对柴油机观测数据进行统计特征提取。

当第 k 时刻的观测数据带来时，首先用式(4.1.58)计算观测数据 $y(k)$ 向故障模式张成的故障子空间 $S_F = \mathrm{span}\{D_1, D_2, \cdots, D_9\}$ 投影的能量，根据投影能量的大小判断柴油机此刻是否发生故障。

如图 4-36 所示，从 313 个采样时刻开始，柴油机发生故障。

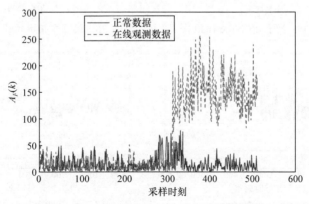

图 4-36　观测数据向故障子空间投影能量

然后，将观测数据向故障子空间中的各故障方向投影，根据已求得的投影能

量计算各故障模式的显著性，如表 4-15 所示。

表 4-15　观测数据对各指定模式的显著性

指标	D_1	D_2	D_3	D_4	D_5	D_6	D_7	D_8	D_9
D_i%	0.0831	0.2842	0.1816	0.0136	0.2568	0.3973	0.4446	0.0460	0.2748

　　表 4-15 中 D_6 和 D_7 的显著性相当大，因此判定柴油机发生了高压油泵柱塞磨损和扫气口脏堵两种故障。除了 D_6 和 D_7 之外，D_2、D_3、D_5、D_9 的显著性也较大。柴油机系统的复杂性决定了 D_6 和 D_7 的发生可能导致 D_2、D_3、D_5、D_9 发生。

　　图 4-37～图 4-45 所示为各指定元的 Shewhart 图。可以看出，D_2、D_5、D_6、D_7、D_9 对应指定元的 Shewhart 图超出了控制限，进一步验证了基于投影能量显著性进行故障诊断方法的合理性。

　　4.4.1 节的柴油机故障性质分析指出，由于柴油机是由众多部件相互关联而成的，因此某一部件的故障又可能影响其他部件的工作状态。这与基于表 4-25 的投影能量显著性进行多故障诊断的结果一致。

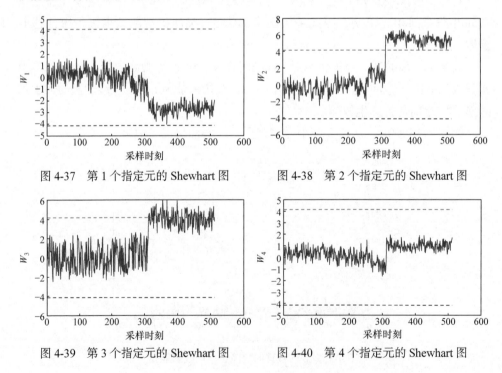

图 4-37　第 1 个指定元的 Shewhart 图　　　图 4-38　第 2 个指定元的 Shewhart 图

图 4-39　第 3 个指定元的 Shewhart 图　　　图 4-40　第 4 个指定元的 Shewhart 图

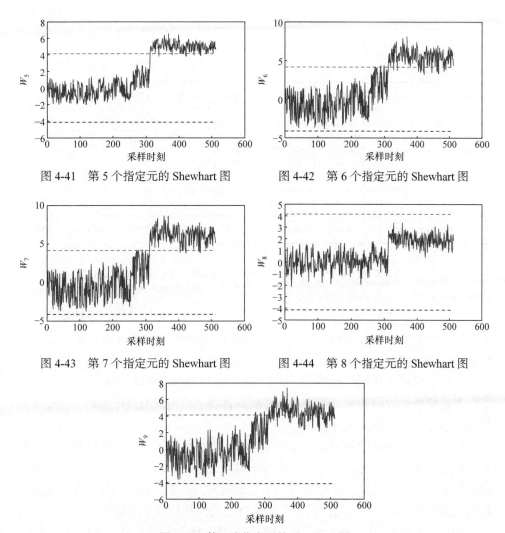

图 4-41　第 5 个指定元的 Shewhart 图　　　　图 4-42　第 6 个指定元的 Shewhart 图

图 4-43　第 7 个指定元的 Shewhart 图　　　　图 4-44　第 8 个指定元的 Shewhart 图

图 4-45　第 9 个指定元的 Shewhart 图

指定元是实际发生故障的一个统计特征量。指定元间的相关性可以体现相应故障间的影响关系。表 4-16 中各指定元间的相关性表明，w_6、w_7 与 w_2、w_3、w_5 w_9 间有较高的相关性，所以故障 D_6 和 D_7 的发生可能导致 D_2、D_3、D_5 、D_9 发生。

表 4-16　指定元间相关性

指定元	w_1	w_2	w_3	w_4	w_5	w_6	w_7	w_8	w_9
w_1	1.0000	−0.4595	−0.7209	0.7154	−0.8532	−0.4642	−0.4107	0.1526	−0.8862
w_2	−0.4595	1.0000	0.4131	−0.2171	0.6053	0.6019	0.6164	0.7030	0.7287

指定元	w_1	w_2	w_3	w_4	w_5	w_6	w_7	w_8	w_9
w_3	−0.7209	0.4131	1.0000	−0.0960	0.8883	0.8953	0.8982	0.1905	0.8442
w_4	0.7154	−0.2171	−0.0960	1.0000	−0.4147	−0.4408	−0.3689	0.1214	−0.4721
w_5	−0.8532	0.6053	0.8883	−0.4147	1.0000	0.9741	0.9525	−0.1071	0.9649
w_6	−0.4642	0.6019	0.8953	−0.4408	0.9741	1.0000	0.9925	−0.0969	0.9768
w_7	−0.4107	0.6164	0.8982	−0.3689	0.9525	0.9925	1.0000	−0.0705	0.9631
w_8	0.1526	0.7030	−0.1905	0.1214	−0.1071	−0.0969	−0.0705	1.0000	0.0782
w_9	−0.8862	0.7287	0.8442	−0.4721	0.9649	0.9768	0.9631	0.0782	1.0000

事实上，不同于 PCA 中各主元 v_i 不相关的结论，DCA 中的指定模式 D_i 并不是观测数据协方差阵的特征向量，所以各指定元 w_i 间存在一定的相关性。这种相关性可用来指导系统的故障诊断。PCA 把本来相关的故障统计特征量转换为不相关的统计特征量，提取的主元量 v_i 并不是实际发生故障的统计特征量。这也是 PCA 无法确定实际故障方向的原因之一。这就决定了基于 PCA/PLS 的统计特征提取方法不能用于故障传播分析，而 DCA 可以用来分析故障传播。

考虑柴油机故障的复杂性中，有些故障具有一些相同的故障征兆，这要求人们进行多方面、多层次地分析。

针对柴油机故障诊断而言，在逐步 DCA 进行故障特征提取的过程中，没有利用定性的开关量信息，所以需根据排烟的颜色、是否引起拉缸、增压器喘振、启动时是否有爆冷现象等定性征兆信息判断故障 D_2、D_3、D_5 和 D_9 并没有发生，从而判断故障为 D_6 和 D_7 对应的高压油泵柱塞磨损和扫气口脏堵故障。

此外，也可对 DCA 进行扩展，以同时处理定量和定性信息，实现故障诊断，这也是我们下一步的研究内容之一。

4.4　本章小结

为了克服 PCA 因模式复合效应而无法进行多故障诊断和诊断结果难以解释的不足，本章引入 DCA 思想，建立 DCA 理论的空间投影框架，完善和发展 DCA 理论研究。同时，利用正交补空间构造法证明基于非正交模式指定元分解形式的可行性和收敛性，提出一种逐步 DCA 多故障诊断方法，解决指定模式非正交情况下的多故障诊断问题。

　　针对微小故障诊断、未知类型故障诊断问题，在 DCA 空间投影框架下，本章对 DCA 诊断方法进行扩展，建立基于 DCA 的多级微小故障诊断方法和 EDCA 未知故障诊断方法。

参 考 文 献

[1] 周福娜. 基于统计特征提取的多故障诊断方法及应用研究. 上海: 上海海事大学, 2004.

[2] 周福娜, 文成林, 汤天浩, 等. 基于指定元分析的多故障诊断方法. 自动化学报, 2009, 35(7): 971-982.

[3] 周福娜, 文成林, 陈志国, 等. 基于指定元分析的多级相对微小故障诊断方法. 电子学报, 2010, 38(8): 1874-1879.

[4] 周福娜, 文成林, 汤天浩, 等, 未知多故障诊断的扩展指定元分析方法. 华中科技大学学报 (自然科学版), 2009, 37(S1): 83-86.

第 5 章　基于深度学习的频率类故障诊断

5.1　引　　言

在智能制造过程中，对关键设备的预测维护可以实现设备故障诊断从计划维修到视情维修的转变。在实际故障诊断与预测维护系统中，人们期望的是一个实时的在线诊断系统，而不是故障的离线分类。只有及时精准地确定早期故障类型，才可能进行准确的 RUL 预测。如果早期的故障诊断中出现过多的漏诊、误诊情况，那么以早期故障诊断为基础的 RUL 的预测也会受到很大的影响[1-3]。作为智能制造过程的关键设备之一，旋转机械运转过程会发生一类特殊的故障。它们的故障征兆往往在频域中较显著、时域中不显著，称为频率类故障。因为其时域特征不显著，所以在时域中开展频率类故障的实时精确诊断非常困难。

对基于 Fourier 变换所得的频谱数据进行深度学习的故障诊断方法有较高的精确性，但是 Fourier 变换是一个全时域变换，所以现有的方法仅能实现离线故障分类，无法在时域中进行实时在线诊断。究其根本原因，传统深度学习故障诊断方法的特征学习和分类器学习都是基于信号幅值相关的距离最小准则设计的，没有考虑信号变化趋势对频率的刻画能力。在深度学习框架下，研究时域中数据的频率特征抽取方法是解决频率故障诊断实时性的有效途径。

本章通过构建 DNN 挖掘时域中能够表征频率特征的信息，将原始数据特征和其他动态趋势特征融合组成新的特征，在时域中刻画信号的频率变化特性，在顶层添加一个分类器实现频率类故障的实时精确诊断。本节首先分析频率类故障特点，然后详细介绍特征抽取和故障诊断方法[1,2]。

5.2　频率类故障分析

由于轴承数据是周期性振动信号，因此在故障数据和正常数据之间的偏差定义的异常信号中将存在大量的 ZCP。如图 5-1 所示，A、B 是两个不同故障数据的 ZCP，它们的幅值都是 0。这些 ZCP 涉及的故障特征不能在时域中得到很好的表征，因此将降低基于幅值信息的 DNN 模型故障诊断效果。如果考虑斜率特征，则可以清楚地区分这两种类型的数据。当异常信号的幅值为零时，即当故障数据的幅值和正常数据相同时，频率的差异可以由斜率和曲率等微分几何特性表示。在发生频率类故障的情况下，本节提出的基于微分几何特征融合的方法可以提高基于 DNN 时域故障诊断方法的准确性。该方法在工程领域具有重要意义，因为它是一种在线故障诊断方法，能对频率类故障在时域内进行实时准确地诊断，为设备健康状况的实时诊断提供创新的思路。

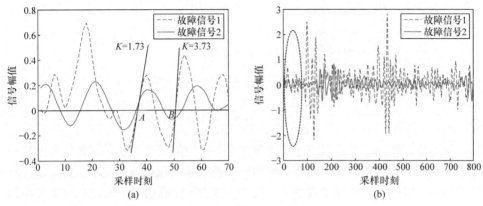

图 5-1　非正常信号的斜率特征

在大量的 ZCP 处，不同故障数据的幅值相等，仅基于幅值数据难以区分轴承的健康状况。

时域和频域中正常信号和故障信号的幅值相同，但频率不同。如图 5-2 和图 5-3 所示，故障信号在时域中的区分度很低，但在频域中具有显著的差异。因此，许多学者将数据转换到频域后利用深度学习来诊断此类故障。然而，这种诊断效果没有实际意义，因为频域诊断不能保证实时性能。实时诊断是实际工业系统健康状态诊断的首要要求，可以最大限度地降低安全风险。

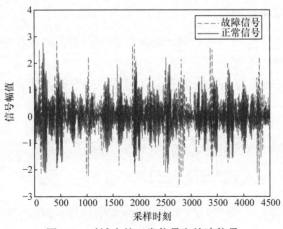

图 5-2　时域中的正常信号和故障信号

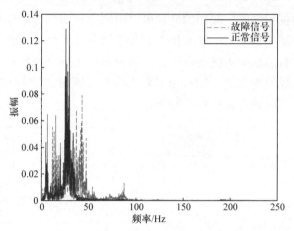

图 5-3　频域中的正常信号和故障信号

从图 5-2 和图 5-3 可以进一步理解频率类故障的概念，这种异常信号的故障特征在频域中比在时域中更明显，称为频率类故障。在这种情况下，可以使用斜率和曲率等微分几何特性来表征动态趋势。这有助于在时域中实现频率类故障的特征提取。基于微分几何特征融合的 DNN 方法，通过提取频率类故障数据中存在的潜在特征，实现频率类故障在时域中的实时精确诊断。

5.3　基于深层神经网络的频率类故障诊断

本节通过三个主要内容介绍基于微分几何特征融合的 DNN(记为 DGFFDNN)的在线故障诊断方法，即频率类故障特征抽取、微分几何特征融合和频率类故障的在线诊断。

5.3.1　频率类故障特征抽取

DGFFDNN 模型的第一步是利用堆叠自动编码器提取数据中潜在的微分几何特征。该特征提取方法如下。

步骤 1，获取表征原始数据的微分几何特性的数据。计算原始数据的斜率值和曲率值，即

$$x'(m) = \frac{x(m+1) - x(m)}{T}, \quad m = 1, 2, \cdots, M-2 \tag{5.3.1}$$

$$x''(m) = \frac{x'(m+1) - x'(m)}{T}, \quad m = 1, 2, \cdots, M-2 \tag{5.3.2}$$

其中，T 为采样间隔；x、x' 和 x'' 为对应原始幅值信号、斜率信号和曲率信号的数

据集。

步骤 2，用历史数据 x、x'、x'' 训练 DNN 模型。用式(5.3.3)构造 3 个 DNN 模型，并初始化 DNN_1、DNN_2 和 DNN_3 的训练参数，即

$$\begin{cases} [\mathrm{Net},\mathrm{Tr}] = \mathrm{Feedforward}(\theta; H_1, H_2, \cdots, H_{N_1}; x) \\ [\mathrm{Net}',\mathrm{Tr}'] = \mathrm{Feedforward}(\theta'; H_1', H_2', \cdots, H_{N_1}'; x') \\ [\mathrm{Net}'',\mathrm{Tr}''] = \mathrm{Feedforward}(\theta''; H_1'', H_2'', \cdots, H_{N_1}''; x'') \end{cases} \tag{5.3.3}$$

其中，Feedforward 为生成多层神经网络的函数；N_1 为 DNN_1 的隐藏层数；$H_n (n=1,2,\cdots,N_1)$ 为 DNN 的第 n 个隐藏层的神经元个数；$\theta = \{W, b\}$ 为网络参数，W 和 b 为 DNN_1 的权重矩阵和偏置向量；Tr 为网络参数配置。

DNN 输入神经元的数量为

$$M = \mathrm{size}(x, 2) \tag{5.3.4}$$

DNN_1 的参数初始化方法为

$$W = \mathrm{rand}(H, M) \tag{5.3.5}$$

$$b = \mathrm{zeros}(H, 1) \tag{5.3.6}$$

其中，$H = H_1 + H_2 + \cdots + H_{N_1}$。

通过 DNN_1 的训练过程可以实现原始数据的无监督逐层特征提取，即

$$\begin{cases} h_1 = f_{\theta_1}(x) = \sigma(W_1 x + b_1) \\ h_2 = f_{\theta_2}(h_1) = \sigma(W_2 h_1 + b_2) \\ \cdots \\ h_{N_1} = f_{\theta_N}(h_{N-1}) = \sigma(W_{N_1} h_{N-1} + b_{N_1}) \end{cases} \tag{5.3.7}$$

DNN_1 的顶层特征 h_{N_1} 可以通过图 2-3 所示的方式进行逐层特征抽取。同理，使用式(5.3.4)~式(5.3.8)类似地构建 DNN_2 和 DNN_3。对应原始数据，斜率数据和曲率数据的特征可以用式(5.3.8)提取，即

$$\begin{cases} h_{N_1} = f(x) = \sigma(W_{N_1} h_{N_1-1} + b_{N_1}) \\ h_{N_2}' = f(x') = \sigma(W_{N_2}' h_{N_2-1}' + b_{N_2}') \\ h_{N_3}'' = f(x'') = \sigma(W_{N_3}'' h_{N_3-1}'' + b_{N_3}'') \end{cases} \tag{5.3.8}$$

其中，h_{N_1} 为原始幅值数据 x 的深层特征；h_{N_2}' 为斜率数据 x' 的深层特征；h_{N_3}'' 为曲率数据 x'' 的深层特征。

然后，将 Softmax 分类器添加到 DNN 的顶层，实现分类的功能。基于 DNN_1、DNN_2 和 DNN_3 的前向传播误差定义各自训练学习的代价函数，即

$$\begin{cases} J_1(x,L;W,b) = \dfrac{1}{M}\left\| P - L \right\|^2 \\[2mm] J_2(x',L';W',b') = \dfrac{1}{M-1}\left\| P' - L' \right\|^2 \\[2mm] J_3(x'',L'';W'',b'') = \dfrac{1}{M-2}\left\| P'' - L'' \right\|^2 \end{cases} \tag{5.3.9}$$

其中，P、P' 和 P'' 是由式(5.3.8)计算的前向传播的输出，分别对应 DNN_1、DNN_2 和 DNN_3；L、L' 和 L'' 分别是 x、x' 和 x'' 故障类型标签。

5.3.2　微分几何特征融合

如图 5-4 所示，不同故障数据的斜率也可能相等。也就是说，不能通过仅使用斜率特征对不同的故障进行分类，因为斜率特征对于不同的故障数据可能是相等的。因此，融合多种微分几何特征以获得新的融合特征对于挖掘时域中的动态趋势是必要的，这是在时域中刻画频率类故障特征的必要步骤。多种微分几何特征被抽取以捕获时域中异常信号的频率特征，并且通过拼接形式融合来获得具有更高维度的新融合特征。从上述三个训练好的 DNN 模型中提取的特征 h_{N_1}、h'_{N_2} 和 h''_{N_3} 可以融合获得新的特征向量，即

$$F = \left[F_1, F_2, F_3 \right] \tag{5.3.10}$$

其中，$F_1 = h_{N_1}$、$F_2 = h_{N_2}$、$F_3 = h_{N_3}$ 为 DNN_1、DNN_2、DNN_3 抽取到的特征。

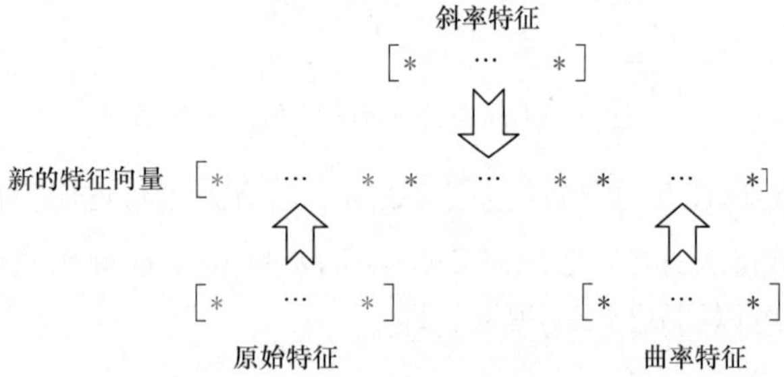

图 5-4　获取融合特征向量的方案

最后，将融合特征作为 Softmax 分类器的输入，并将每个样本的故障标签为输出，训练 Softmax 分类器。特征融合过程如图 5-5 所示。

5.3.3　频率类故障的在线诊断

基于多特征融合 DNN 的频率类故障诊断框架如图 5-6 所示。基于微分几何特征融合的频率类故障实时诊断方法包括离线训练和在线诊断两部分，在线诊断

步骤如下。

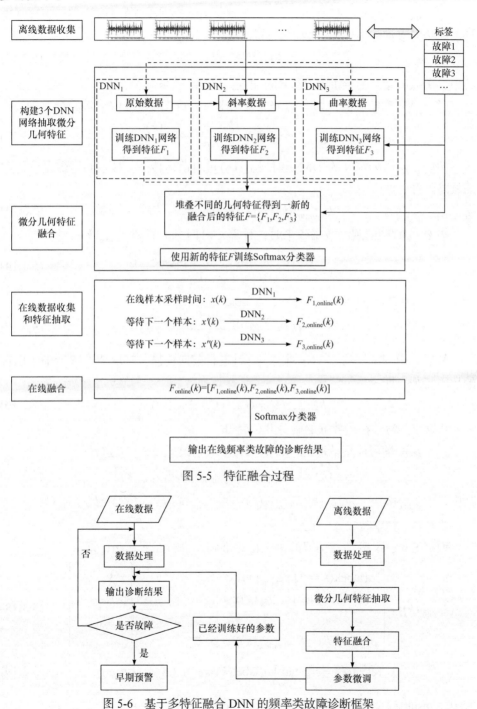

图 5-5　特征融合过程

图 5-6　基于多特征融合 DNN 的频率类故障诊断框架

步骤 1，抽取在线数据的微分几何特征。

当获取 k 时刻的观测数据 $x_{\text{online}}(k)$ 时，用已经训练好的 DNN_1 对 $x_{\text{online}}(k)$ 进行前向传播以抽取在线幅值数据的特征，即

$$h_{N_1,\text{online}}(k) = G(\text{Net},\text{Tr},x_{\text{online}}(k)) \tag{5.3.11}$$

其中，函数 G 表示已经训练好 DNN_1 的输入/输出关系。

当 $k+1$ 时刻的观测数据 $x_{\text{online}}(k+1)$ 到来时，首先计算 k 时刻的斜率，即

$$x'_{\text{online}}(k) = \frac{x_{\text{online}}(k+1) - x_{\text{online}}(k)}{T} \tag{5.3.12}$$

然后，用已训练好的 DNN_2 对 $x'_{\text{online}}(k)$ 进行前向传播，抽取斜率数据中包含的故障特征，即

$$h'_{N,\text{online}}(k) = G'(\text{Net}',\text{Tr}',x'_{\text{online}}(k)) \tag{5.3.13}$$

当 $k+2$ 时刻的观测数据到来时，计算 $k+1$ 时刻的斜率 $x'_{\text{online}}(k+1)$，即

$$x'_{\text{online}}(k+1) = \frac{x_{\text{online}}(k+2) - x_{\text{online}}(k+1)}{T} \tag{5.3.14}$$

利用式(5.3.15)计算 k 时刻的曲率 $x''_{\text{online}}(k)$，即

$$x''_{\text{online}}(k) = \frac{x'_{\text{online}}(k+1) - x'_{\text{online}}(k)}{T} \tag{5.3.15}$$

最后，用训练好的 DNN_3 对 $x''_{\text{online}}(k)$ 进行前向传播，抽取曲率数据中所包含的故障特征，即

$$h''_{N,\text{online}}(k) = G''(\text{Net}'',\text{Tr}'',x''(k)) \tag{5.3.16}$$

步骤 2，融合在线数据的微分几何特征。

三个深度学习模型抽取的三种故障特征可通过式(5.3.17)进行融合，即

$$F_{\text{online}}(k) = \left[F_{1,\text{online}}(k), F_{2,\text{online}}(k), F_{3,\text{online}}(k) \right] \tag{5.3.17}$$

其中，$F_{1,\text{online}}(k) = h_{N_1,\text{online}}(k), F_{2,\text{online}}(k) = h'_{N_2,\text{online}}(k), F_{3,\text{online}}(k) = h''_{N_3,\text{online}}(k)$。

步骤 3，频率类故障的在线诊断。

根据 Softmax 分类器学习的极大似然准则，进行在线诊断，即

$$h_\varphi(x_{\text{online}}(k)) = \begin{bmatrix} p(\text{labek}(k)=1\,|\,x_{\text{online}}(k));\varphi \\ p(\text{labek}(k)=2\,|\,x_{\text{online}}(k));\varphi \\ \vdots \\ p(\text{labek}(k)=S\,|\,x_{\text{online}}(k));\varphi \end{bmatrix} = \frac{1}{\sum\limits_{s=1}^{S} e^{\varphi_S^\text{T} x_{\text{online}}(k)}} \begin{bmatrix} e^{\varphi_S^\text{T} x_i} \\ e^{\varphi_2^\text{T} x_{\text{online}}(k)} \\ \vdots \\ e^{\varphi_S^\text{T} x_{\text{online}}(k)} \end{bmatrix} \tag{5.3.18}$$

$$\text{result}(k) = \underset{s=1,2,\cdots,S}{\arg\max}\{p(\text{label}(k)=s\,|\,h_\varphi(x_{\text{online}}(k));\varphi)\} \tag{5.3.19}$$

其中，$\text{result}(k)$ 为在线数据 $x_{\text{online}}(k)$ 的诊断结果。

基于 DGFFDNN 频率类故障诊断方法的流程图如图 5-7 所示。

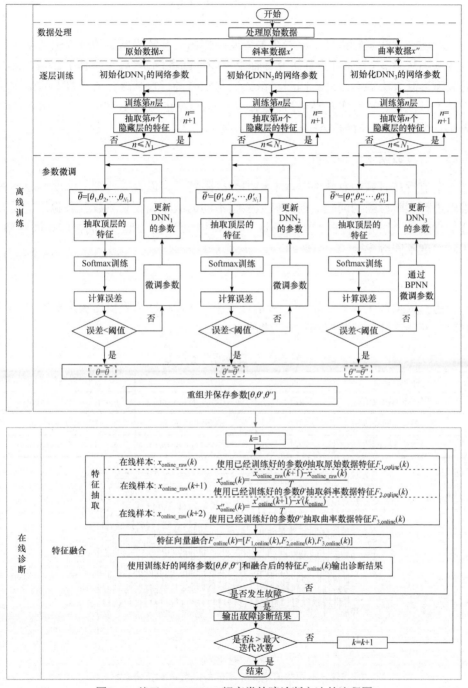

图 5-7　基于 DGFFDNN 频率类故障诊断方法的流程图

5.4　实验与分析

滚动轴承在旋转机械中起着至关重要的作用，旋转机械运转过程中经常会发生频率类故障。本节通过仿真研究和轴承故障诊断案例研究，验证基于 DGFFDNN 的故障诊断方法的有效性，同时将该方法与没有进行特征融合的 DNN 故障诊断方法进行比较。本章实验平台为，Intel(R)Core(TM)i7-8550U CPU，内存 8.00GB，Win10 操作系统，MATLAB2014a 编程环境。

5.4.1　仿真数据验证和分析

本节旨在时域中有效地提取的频率类故障特征，以克服传统的深度学习方法难以进行实时诊断的问题。通过模拟多组不同的故障类型观测数据来验证所提方法的有效性，分析三种典型实验场景，即不同幅度不同频率、不同幅度相同频率、相同幅度不同频率。

1. 仿真数据描述

仿真数据产生方式如表 5-1 所示。表中，awgn(k) 为随机白噪声函数。不同幅值不同频率的故障数据和正常数据如图 5-8 所示。

表 5-1　仿真数据产生方式

不同实验场景	采样间隔/s	正常观测数据	故障观测数据
相同频率不同幅值	0.1	$y_1 = 6\sin(10t) + \text{awgn}(k)$	$y_2 = 10\cos(10t) + \text{awgn}(k)$
不同频率相同幅值	0.1	$y_1 = 10\sin(4t) + \text{awgn}(k)$	$y_2 = 10\cos(8t) + \text{awgn}(k)$
不同频率不同幅值	0.1	$y_1 = 5\sin(5t) + \text{awgn}(k)$	$y_2 = 10\cos(10t) + \text{awgn}(k)$

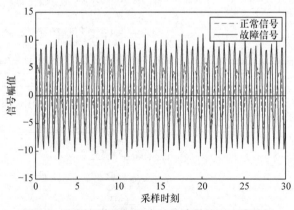

图 5-8　不同幅值不同频率的故障数据和正常数据

为了减少随机性的影响，将实验重复 10 次。DNN 训练使用随机梯度下降法，每层中 DNN 的最大迭代次数分别为 1000、800 和 1000。DNN 模型参数如表 5-2 所示。

表 5-2　DNN 模型参数

训练参数	DNN$_1$	DNN$_2$	DNN$_3$
自动编码器个数	6	4	5
各层神经元个数	500/400/200/100/50/10	500/100/50/20/10	500/200/100/50/20/10
最大迭代次数	1000	800	1000
学习率	0.01	0.02	0.01

2. 仿真实验结果分析

图 5-9 给出了不同幅值不同频率的故障数据诊断结果。类别标签为 0 表示"正常"，类别标签为 1 表示"故障"。DGFFDNN、DNN、DGFFBP 和 BP 准确率分别为 98.4%、94.24%、92.36% 和 90.86%。

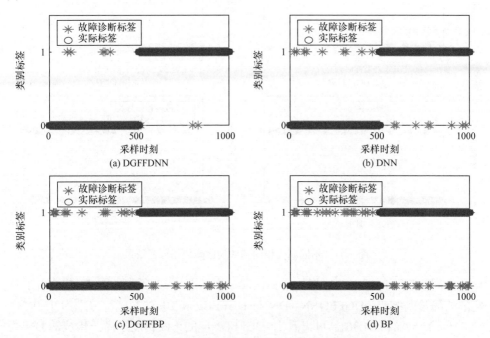

图 5-9　不同幅值不同频率的故障数据诊断结果

不同幅值相同频率的故障数据和正常数据如图 5-10 所示。不同幅值相同频率故障诊断结果如图 5-11 所示。DGFFDNN、DNN、DGFFBP 和 BP 的准确度分别为 94.34%、92.01%、90.69% 和 87.04%。

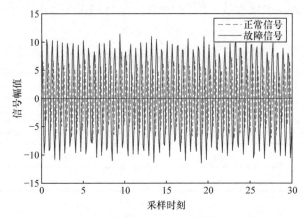

图 5-10   不同幅值相同频率的故障数据和正常数据

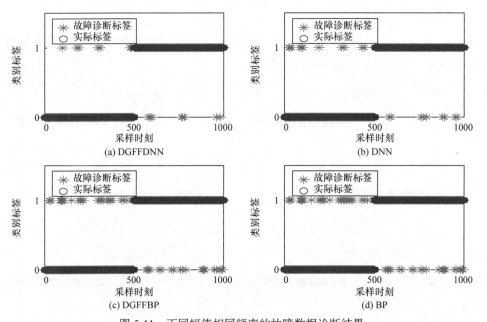

图 5-11   不同幅值相同频率的故障数据诊断结果

相同幅值不同频率的故障数据和正常数据如图 5-12 所示。图 5-13 给出了对应的故障诊断结果，DGFFDNN、DNN、DGFFBP 和 BP 的准确率分别为 93.06%、73.54%、62.87% 和 54.36%。可以看出，DGFFDNN 的诊断精度远高于传统的 DNN，DGFFBP 的诊断精度远高于传统的 BP，这表明微分几何特征融合方法是诊断频率类故障的有效手段。

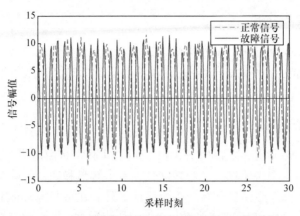

图 5-12　相同幅值不同频率的故障数据和正常数据

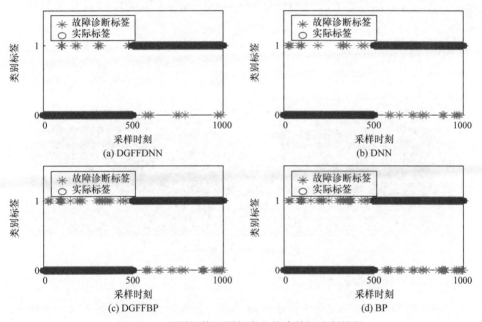

图 5-13　相同幅值不同频率的故障数据诊断结果

不同故障诊断方法的精度如表 5-3 所示。可以看出，DGFFDNN 方法比其他机器学习方法诊断精度高出约 20%。

表 5-3　不同故障诊断方法在仿真数据测试中的精度

项目	DGFFDNN/%	DNN/%	DGFFBP/%	BP/%
不同幅值不同频率	98.40	94.24	92.36	90.86
不同幅值相同频率	94.34	92.01	90.69	87.04
相同幅值不同频率	93.06	73.54	62.87	54.36

5.4.2　案例研究和分析

为了进一步验证方法在工程实践中的有效性，分别采用河南大学搭建的转子实验平台和美国凯斯西储大学提供的滚动轴承基准测试数据集验证 DGFFDNN 方法的有效性。

1. 实验平台描述

河南大学的转子实验平台如图 5-14 所示。实验平台由电机、三个故障轴承、两个普通轴承、一个齿轮箱、一个转动轴、一个转盘和四个传感器组成。四个加速度仪利用磁性基座吸附到平台上采集振动信号。在负载为 0hp(1hp=735W) 的情况下以 f=45kHz 的频率采集正常数据、内圈故障数据、外圈故障数据和滚珠故障数据。各类故障均包含 0.007in(1in=2.54cm)、0.014in 和 0.021in 3 种故障尺寸。

图 5-14　转子实验平台

2. 案例研究结果分析

将 DGFFDNN 方法应用于轴承故障诊断。每种数据类型下有 45000 个样本，用四种不同的数据类型表征旋转机械系统的频率故障类型。案例收集了三个故障数据集和一个包含 40000 个样本的正常数据集来测试该方法，其中 40000 个样本用于 DGFFDNN 训练，2000 个样本用于测试。

相同故障类型不同故障尺寸的实验结果如图 5-15 所示。DGFFDNN、DNN、DGFFBP 和 BP 的准确率分别为 97.52%、88.50%、86.34% 和 76.29%。实验结果表明，DGFFDNN 诊断方法在旋转机械设备发生故障时能够有效区分同一故障的严重程度。

相同故障尺寸不同故障类型的实验结果如图 5-16 所示。其中使用的故障尺寸为 0.007in，故障类型分别为内圈故障、外圈故障和滚珠故障。DGFFDNN、DNN、

DGFFBP 和 BP 的准确率分别为 98.26%、91.32%、87.06%和 80.28%。实验结果表明，DGFFDNN 诊断结果优于其他故障诊断方法。

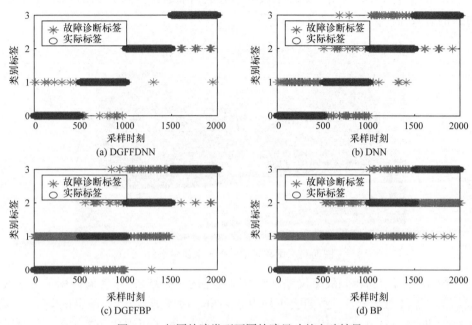

图 5-15　相同故障类型不同故障尺寸的实验结果

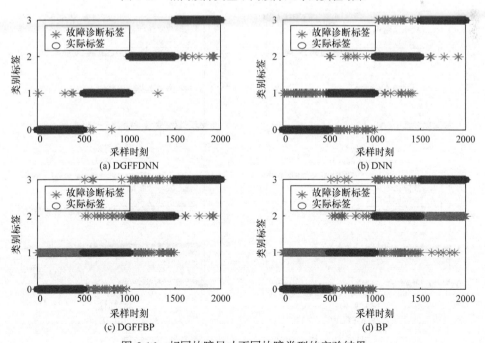

图 5-16　相同故障尺寸不同故障类型的实验结果

3. Benchmark 数据实验分析

本节用美国凯斯西储大学轴承数据中心的基准数据集测试 DGFFDNN 诊断方法的有效性。实验平台如图 5-17 所示。

图 5-17　滚动轴承数据采集实验平台

图 5-18 所示为相同故障尺寸不同故障类型的实验结果。该实验使用了正常数据集和三个故障数据集。故障大小均为 0.007in，故障类型分别为内圈故障、外圈故障、滚珠故障。实验使用的样本数量为 487384。为了可视化分类结果，仅显示

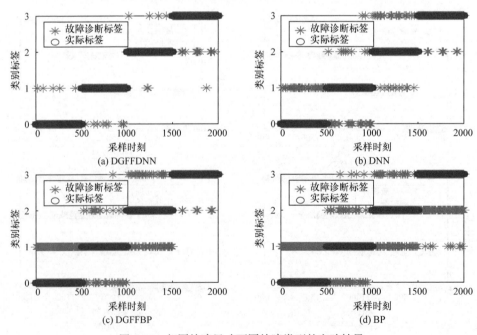

图 5-18　相同故障尺寸不同故障类型的实验结果

了部分实验结果。DGFFDNN、DNN、DGFFBP 和 BP 的准确率分别为 97.73%、89.2%、86.37%和 60.24%。

图 5-19 所示为相同故障类型不同故障尺寸的实验结果。该实验使用正常数据集和三个故障数据集。三组故障数据是负载为 3hp 时采集到的数据，故障类型均为内圈故障，故障大小分别为 0.007in、0.014in 和 0.021in 的情况。实验使用的样本数量为 487384。为了可视化分类结果，仅显示部分实验结果。DGFFDNN、DNN、DGFFBP 和 BP 的准确度分别为 98.06%、89.52%、87.73%和 73.56%。

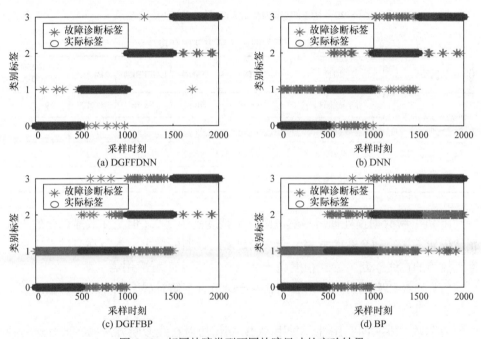

图 5-19　相同故障类型不同故障尺寸的实验结果

用 FFT 作为预处理工具的 DNN 诊断结果如图 5-20 所示。FFT 的窗口大小设置为 500。不同故障诊断方法的精度如表 5-4 所示。

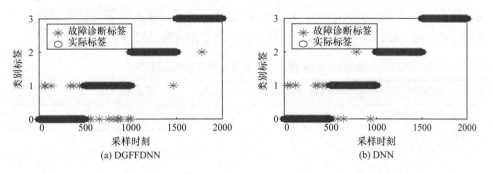

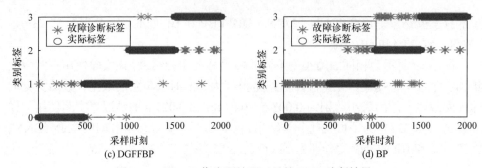

(c) DGFFBP (d) BP

图 5-20　用 FFT 作为预处理工具的 DNN 诊断结果

表 5-4　不同故障诊断方法的精度

实验平台	项目	DGFFDNN/%	DNN/%	DGFFBP/%	BP/%	DNN(FFT 预处理)/%
河南大学实验平台	不同故障尺寸	98.54	90.14	88.16	80.13	99.37
	不同故障类型	97.63	89.53	86.42	70.84	99.24
凯斯西储大学实验平台	不同故障尺寸	97.73	89.52	86.37	60.24	99.16
	不同故障类型	98.06	89.52	87.73	73.56	99.22

用 FFT 做数据预处理后虽然故障分类精度高于 99%，但是在故障诊断的工程领域仍然不是一种合适的方法，无法满足实时诊断的要求。本节在时域上实现频率类故障的在线诊断，诊断精度高于 97.63%，符合工程应用需求。

仿真研究和案例研究结果表明，基于微分几何特征融合的 DNN 方法的效果较其他几种方法更好。

为了增加方法的实用性，采用 A/B 测试法对在线诊断方法的有效性进行评估。首先，用训练好的网络参数初始化各自的网络。然后，在故障尺寸为 0.007in 的条件下，随机切换四种类型(内圈故障、外圈故障、滚珠故障和正常轴承)的工况以获得随机在线采样数据。在工况改变的情况下，共获取 48000 组数据，将其随机分为 4 组，分别用 DGFFDNN、DNN、DGFFBP 和 BP 对采集到的数据进行在线故障诊断。A/B 测试法对不同诊断方法的测试精度如表 5-5 所示。

表 5-5　A/B 测试法对不同诊断方法的测试精度

项目	DGFFDNN/%	DNN/%	DGFFBP/%	BP/%
河南大学实验平台	96.42±0.64	88.37±0.42	84.22±0.59	70.68±0.61

5.5　本章小结

　　本章提出一种基于微分几何特征融合的故障诊断方法来提高频率类故障诊断的实时性和精确性。其主要思想是构建一种能够融合时域中的原始信号、斜率信号、曲率信号的 DNN 模型，获取时域数据的频率类特征，使 DNN 能够在不进行频域变换的情况下在线实时检测频率类故障。仿真实验与滚动轴承实验平台的实验结果分析表明，本章提出的基于微分几何特征融合的深度学习方法能够很好地提高频率类故障实时诊断的精确度。

参 考 文 献

[1] 胡坡. 基于改进深度学习的故障预测维护关键问题研究, 开封: 河南大学, 2019.

[2] Zhou F N, Hu P, Yang S, et al. Multi-modal feature fusion based deep learning method for online fault diagnosis of rotating machinery. Sensors, 2018, 18(10): 3521.

[3] Zhou F N, Park J H. Diferential feature based hierarchical PCA fault detection method for dynamic fault. Neurocomputing, 2016, 202: 27-35.

第6章 基于多源异构数据融合的深度学习故障诊断

6.1 引　言

　　故障诊断是保障智能制造过程关键设备安全、高效运行的关键技术之一。在没有精确机理模型的情况下，通过设备运行状态数据分析可以实现智能制造过程关键设备的故障诊断。因为具备强大的特征表示能力，深度学习在数据驱动的故障诊断研究中受到领域专家的广泛关注。

　　在实际工业生产过程中，观测设备运行状态的传感器采集到的信息可能有同一传感器不同角度位置采集到的同构数据，也可能有加速度仪、摄像头等不同类型传感器采集到的异构数据。这些传感器采集到的异构数据中潜在的特征可能有关联也有互补，仅利用同一类数据进行深度学习故障诊断势必造成其他数据所包含信息的浪费，进而影响故障诊断的精确性。即使对同构多源信息也可以有不同的信息利用方式，例如振动信号可以直接利用一维信号序列形式呈现的信息，也可以利用监控中心监视器上呈现的二维序列截图。监视器屏幕截图既包含当前时刻被观测变量的信号幅值，又包含当前时间窗内信号的变化趋势。虽然存储形式不同，但是监测中心采集到的所有数据都是对同一设备运行状态的观测。挖掘这些多源异构数据的共性特征才能更好地反映设备的实际运行状态，避免以偏概全带来的设备状态健康评估偏差。

　　数据的多源异构特性会给多源异构数据深度学习故障诊断带来新的困难，因为由单个深层网络搭建成的深度学习模型大多更适合单一数据源的学习。基于单一数据源抽取的特征可能不精确，融合多源异构数据可以发挥多源异构数据的互补性，弥补单个数据源数据所包含信息不完整的缺点。进一步开展基于多源异构数据的深度学习故障诊断研究，有较深远的理论意义和工程应用价值。本章在深度学习框架下设计多源异构数据的融合机制，可以实现多源异构数据的数据级融合和特征级融合。基于融合抽取的特征进行故障诊断，可以有效改善深度学习故障诊断方法的精确性[1,2]。

6.2　基于数据级融合的深度学习故障诊断

传统深度学习网络的输入要么是一维的信号序列，要么是二维的图像，并且一维和二维的信息不能同时作为单个 DNN 的输入。这样的数据使用方式可能导致重要信息丢失，不能得到精确的特征提取结果，从而影响故障诊断的精确性。本节在深度学习框架下分别设计数据级融合和特征级融合机制，通过多源异构数据融合更好地抽取数据中隐藏的特征。本节提出一种基于数据级融合的深度学习故障诊断方法，基于数据矩阵奇异值分解后最大特征值能够表征二维数据的大部分关键信息的特点，设计了二维数据的一维化表示方法，将一维化后的数据和原始一维信号序列作为某单个深层网络的输入，实现数据级融合，再把抽取的融合特征作为 Softmax 分类器的输入，可以得到更精确的故障诊断结果。

6.2.1　监测中心屏幕截图数据集构建

振动传感器采集的机械设备的运行状态信号是以向量形式存储和表示的。振动信号拥有两个维度的特征，第一个维度特征是振动信号的幅值变化，反映轴承在工作过程中的振动程度；第二个维度特征是振动信号自身的空间邻域特征。若把振动数据作为一维信号序列使用，信号的空间邻域特征往往被忽略，可能造成有用信息的浪费。若把振动数据在监控中心监视器上的二维截图作为二维图像使用，则可能更好地挖掘该空间邻域特征[1-3]。

工业生产过程中的灾难性故障经常导致停机、停产，故障数据尤其珍贵。如何高效地利用有限的故障数据非常重要。信号的空间邻域特征是蕴含在信号波形的中的特征，包含数据内在的相对空间位置特征，并能在一定程度上反映振动信号的振幅与变化趋势，对于故障识别有重要的意义。

对于振动信号 $x(t)$ 而言，监视器截图上蕴含其空间邻域特征。如图 6-1 所示，监视器截图上取任意一个采样时刻 k，则 $x(k)$ 代表 k 时刻振动信号的幅值。现取 k 时刻的监视器截图，则可呈现出该信号序列某一邻域内的空间领域特征。

在 k 时刻的 δ 邻域内，一维振动信号的二维监视器截图为 $x(U(k,\delta))$，它刻画了 k 时刻时波形曲线上的点 $(k,x(k))$ 在邻域区间 $U(k,\delta)$ 的波形走势。如果常数 δ 足够大(大于振动信号的采样周期)，邻域区间 $U(k,\delta)$ 上就会包含与采样时刻 k 相邻的其他采样时刻，如 $k+1$ 或 $k-1$。$x(U(k,\delta))$ 就会包含对应采样时刻上的信号值，如 $(k+1,x(k+1))$ 或 $(k-1,x(k-1))$。此时的二维截图 $x(U(k,\delta))$ 不仅表述一维信号序列的波形走势，还包含 $(k,\ x(k))$、$(k+1,x(k+1))$ 和 $(k-1,x(k-1))$ 三个点之间的相对空间位置关系。k 时刻的空间邻域特征 φ_k 可由式(6.2.2)描述，即

$$U(k,\delta) = \{t \mid k - \delta < t < k + \delta\} \tag{6.2.1}$$

$$\phi_k = x(U(k,\delta)) \tag{6.2.2}$$

其中，δ 为一个取决于监视器分辨率的常数。

充分融合振动信号对应的一维信号序列和二维监视器截图可以更好地刻画故障信号中呈现的故障特征，从而实现精确故障诊断。

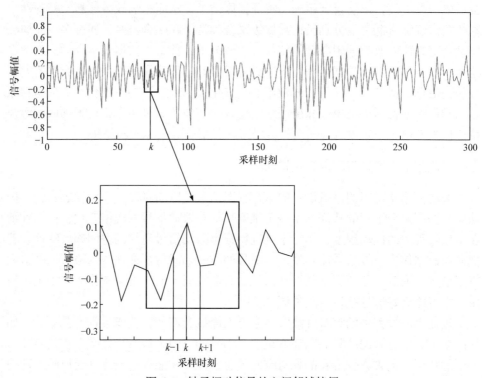

图 6-1 轴承振动信号的空间邻域特征

6.2.2 基于数据级融合的深度学习故障诊断

本节采用二维数据一维化的方式实现数据级融合，解决多源异构数据深度特征抽取难题，以达到改善故障诊断精确性的目的。首先，将二维图像矩阵用滑动窗口分块，使用最大特征值代替分割后的子图像矩阵。然后，将所有局部特征值作为一个一维特征向量与原始一维振动数据进行数据级融合。最后，搭建堆叠自编码器深层神经网络，对融合后的数据进行特征抽取，从而实现故障诊断分类的目的。

基于多源异构数据融合的深度学习故障诊断模型主要包括以下步骤。

1) 基于历史数据的多源异构数据融合故障诊断模型构建

步骤 1，二维数据的一维化表示。

对于二维轴承故障图像数据，使用分块降维处理将原始图像有重叠地分隔为若干小块，并对每一个小图片单独提取最大特征值，然后将每个小块的特征值整合，构成一个新的特征向量表示原始图像的信息，经过降维处理后的特征向量与一维轴承故障信息进行数据层的融合处理，可以得到深度学习故障诊断模型的原始输入。

假设原始图像矩阵 X 的大小为 $m \times m$，用 $x(i,j)$ 表示原图像的第 i 行第 j 列的像素值，使用大小为 $n \times n$ 的滑动窗口，以步长 S 进行滑动截取。如图 6-2～图 6-4所示，表示大小为 5×5 的原始图像，使用 3×3 的滑动窗口，以步长 $S=1$ 滑动截取的过程。

$x(1,1)$	$x(1,2)$	$x(1,3)$	$x(1,4)$	$x(1,5)$
$x(2,1)$	$x(2,2)$	$x(2,3)$	$x(2,4)$	$x(2,5)$
$x(3,1)$	$x(3,2)$	$x(3,3)$	$x(3,4)$	$x(3,5)$
$x(4,1)$	$x(4,2)$	$x(4,3)$	$x(4,4)$	$x(4,5)$
$x(5,1)$	$x(5,2)$	$x(5,3)$	$x(5,4)$	$x(5,5)$

图 6-2　大小为 5×5 的原始示例图像

图 6-3　大小为 3×3 的滑动窗口

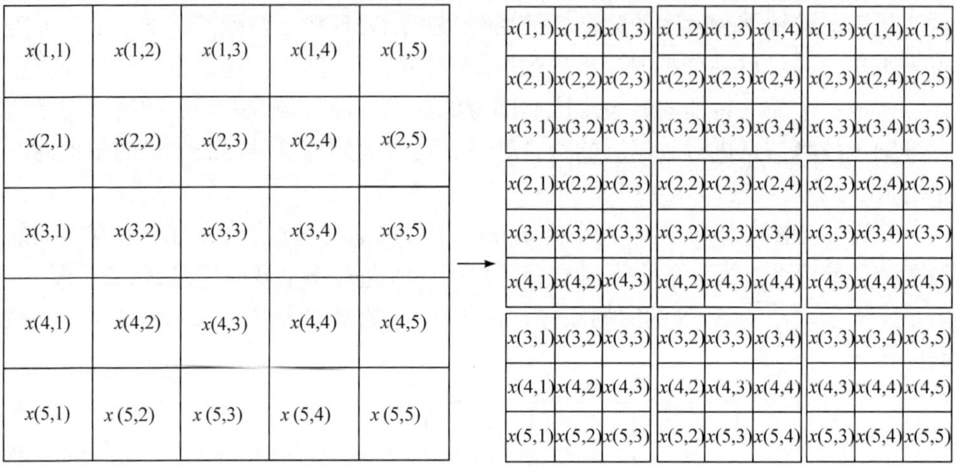
x(1,1) x(1,2) x(1,3) x(1,4) x(1,5)
x(2,1) x(2,2) x(2,3) x(2,4) x(2,5)
x(3,1) x(3,2) x(3,3) x(3,4) x(3,5)
x(4,1) x(4,2) x(4,3) x(4,4) x(4,5)
x(5,1) x (5,2) x (5,3) x (5,4) x (5,5)
x(1,1) x(1,2) x(1,3) x(1,2) x(1,3) x(1,4) x(1,3) x(1,4) x(1,5)
x(2,1) x(2,2) x(2,3) x(2,2) x(2,3) x(2,4) x(2,3) x(2,4) x(2,5)
x(3,1) x(3,2) x(3,3) x(3,2) x(3,3) x(3,4) x(3,3) x(3,4) x(3,5)
x(2,1) x(2,2) x(2,3) x(2,2) x(2,3) x(2,4) x(2,3) x(2,4) x(2,5)
x(3,1) x(3,2) x(3,3) x(3,2) x(3,3) x(3,4) x(3,3) x(3,4) x(3,5)
x(4,1) x(4,2) x(4,3) x(4,2) x(4,3) x(4,4) x(4,3) x(4,4) x(4,5)
x(3,1) x(3,2) x(3,3) x(3,2) x(3,3) x(3,4) x(3,3) x(3,4) x(3,5)
x(4,1) x(4,2) x(4,3) x(4,2) x(4,3) x(4,4) x(4,3) x(4,4) x(4,5)
x(5,1) x(5,2) x(5,3) x(5,2) x(5,3) x(5,4) x(5,3) x(5,4) x(5,5)

图 6-4　原始输入图像使用滑动窗截取示意图

若原始图像大小为 $m\times m$ 、滑动窗口大小为 $n\times n$ ，步长 S 和截取图片的数量 Num 之间的关系为

$$q=\frac{m-n}{S}+1 \tag{6.2.3}$$

$$\mathrm{Num}=q^2=\left(\frac{m-n}{S}+1\right) \tag{6.2.4}$$

将其分成 Num 个小块图像矩阵，组成的新的图像矩阵 X' 为

$$X'=\begin{bmatrix} X'_{11} & X'_{12} & \cdots & X'_{1q} \\ X'_{21} & X'_{22} & \cdots & X'_{2q} \\ \vdots & \vdots & & \vdots \\ X'_{q1} & X'_{q2} & \cdots & X'_{qq} \end{bmatrix} \tag{6.2.5}$$

其中，每个子图像矩阵是原始图像矩阵 X 的子矩阵。

按照这种方式分块后，对训练图像的子图像矩阵取最大特征值，作为该子图的局部化一维特征。

对于一个包含 N 张图片的训练样本集 $X_1,X_2,\cdots,X_N$，每张训练图像都为 $m\times m$ 的矩阵，可使用 $n\times n$ 的滑动窗，以步长为 1 把第 $p(p=1,2,\cdots,N)$ 个训练样本 X_p 分割成块，即

$$X'_p = \begin{bmatrix} X'_{p,11} & X'_{p,12} & \cdots & X'_{p,1q} \\ X'_{p,21} & X'_{p,22} & \cdots & X'_{p,2q} \\ \vdots & \vdots & & \vdots \\ X'_{p,q1} & X'_{p,q2} & \cdots & X'_{p,qq} \end{bmatrix} \tag{6.2.6}$$

对于重组图像矩阵的每一个子矩阵，即

$$X_{p,r,s} = \begin{bmatrix} x(1,1) & x(1,2) & \cdots & x(1,n) \\ x(2,1) & x(2,2) & \cdots & x(2,n) \\ \vdots & \vdots & & \vdots \\ x(n,1) & x(n,2) & \cdots & x(n,n) \end{bmatrix} \tag{6.2.7}$$

其中，$1 \leqslant r \leqslant q$；$1 \leqslant s \leqslant q$。

根据奇异值分解的方法求矩阵 $X_{r,s}$ 的特征值，n 阶矩阵在复数范围内有 n 个特征值 λ_1，子矩阵 $X'_{r,s}$ 的最大特征值 $b_{r,s}$ 为

$$b_{r,s} = \max\{\lambda_1, \lambda_2, \cdots, \lambda_n\} \tag{6.2.8}$$

计算每个子矩阵的最大特征值，用子矩阵的最大特征值表示子矩阵的主要特征，然后按行排列成新的向量。第 $p(p=1,2,\cdots,N)$ 个样本降维后的向量为

$$X_p^* = \begin{bmatrix} b_{11}, b_{22}, \cdots, b_{qq} \end{bmatrix} \tag{6.2.9}$$

对于步骤 1 的所有运算，可以用式 (6.2.10) 表示二维数据一维化计算过程，即

$$F_1 = \text{EigenValue}(X_{\text{offline}}) \tag{6.2.10}$$

其中，F_1 为离线二维图像数据一维化后的结果；EigenValue 为图像分块取最大特征值的运算；X_{offline} 为离线二维数据。

步骤 2，利用扩维的方式实现数据级融合。

另一组传感器采集到一维数据集包含 N 个训练样本，$Y_1, Y_2, \cdots, Y_n$。每个训练样本都是 d 维行向量，其中第 $p(p=1,2,\cdots,N)$ 个样本为

$$Y_i = [c_1, c_2, \cdots, c_d] \tag{6.2.11}$$

至此，两个训练数据集具有相同的维度，它们的数据级融合结果 Z 可用式 (6.2.12) 表示，即

$$Z = [Z_1, Z_2, \cdots, Z_p, \cdots, Z_N] \tag{6.2.12}$$

其中

$$Z_p = \{X_P^*, Y_P\} \tag{6.2.13}$$

$$Z_p = \left\{ b_{11}, b_{12}, \cdots, b_{qq}, c_1, c_2, \cdots, c_d \right\} \tag{6.2.14}$$

得到数据级融合结果 Z 后，使用堆叠自编码器搭建具有 M 个隐藏层的 DNN，即

$$[\text{Net}, \text{Tr}] = \text{Feedforward}(\theta_1, \theta_2, \cdots, \theta_M; h_1, h_2, \cdots, h_M; Z) \tag{6.2.15}$$

其中，$h_1, h_2, \cdots, h_M$ 为第 $1, 2, \cdots, M$ 个隐藏层神经元的数量；$\theta_1 = \{w_1, b_1\}$，$\theta_2 = \{w_2, b_2\}$，$\cdots$，$\theta_M = \{w_M, b_M\}$ 为各层自动编码器输入层与隐藏层之间的网络参数；Tr 为保存的网络模型参数。

利用扩维的方式进行数据级融合可以得到融合数据集 Z，然后训练 DNN，式(6.2.16)表示由训练好的 DNN 抽取的融合数据特征 F_{offline} 的过程，即

$$F_{\text{offline}} = G(\text{Net}, \text{Tr}, Z) \tag{6.2.16}$$

其中，G 为训练好的 DNN 的输入/输出关系的非线性函数；Tr 为保存好的网络模型参数；Z 为数据融合的结果。

步骤 3，基于深度学习的故障诊断模型训练。

将 DNN 抽取的融合数据特征 F_{offline} 作为输入数据，训练 Softmax 分类器，θ 是 Softmax 的模型参数。使用带标签数据通过 BP 算法优化 DNN，进行有监督的全局参数优化调整，训练好的模型参数 $\theta = \{\theta_1, \theta_2, \cdots, \theta_N, \theta'\}$。

2) 在线数据故障诊断

在线样本的故障诊断包括多源异构数据的数据级融合和基于 Softmax 分类器模型的故障分类。

步骤 1，多源异构数据的数据级融合。

首先，按照离线阶段步骤 1 的方式对在线二维数据进行一维化表示，即

$$F_1' = \text{EigenValue}(X_{\text{online,2D}}) \tag{6.2.17}$$

其中，$X_{\text{online,2D}}$ 为在线二维数据；F_1' 为在线二维数据的一维化表示结果。

基于扩维的方式实现数据级融合的结果 Z_{online}，即

$$Z_{\text{online}} = \left[F_1', X_{\text{online,1D}} \right] \tag{6.2.18}$$

其中，$X_{\text{online,1D}}$ 为在线一维数据。

然后，将融合后的数据通过训练好的深度学习模型，抽取多源异构数据的融合特征，即

$$F_{\text{online}} = G(\text{Net}, \text{Tr}, Z_{\text{online}}) \tag{6.2.19}$$

其中，G 为训练好的深度神经网络模型的非线性输出函数；Tr 为离线阶段保存的

网络模型参数；Z_{online} 为在线数据的数据级融合结果。

步骤 2，基于 Softmax 分类器模型的故障诊断。

把在线多源异构数据进行数据级融合，将抽取的特征 F_{online} 作为 Softmax 分类器的输入，通过式(6.2.20)实现故障诊断，即

$$\text{result}(l) = \underset{k=1,2,\cdots,K}{\arg\max}\left\{ p(y_i = k\,|\,h_\theta(F_{online}(l));\theta) \right\} \tag{6.2.20}$$

其中，$\text{result}(l)$ 为在线数据 $F_{online}(l)$ 的故障诊断结果。

$$h_\theta(F_{online}(l)) = \begin{bmatrix} p(y_i = 1|F_{online}(l);\theta) \\ p(y_i = 2|F_{online}(l);\theta) \\ \vdots \\ (y_i = k|F_{online}(l);\theta) \end{bmatrix} = \frac{1}{\sum_{k=1}^{K} e^{\Theta_k^{\mathrm{T}} F_{online}(l)}} \begin{bmatrix} e^{\Theta_1^{\mathrm{T}} F_{online}(l)} \\ e^{\Theta_2^{\mathrm{T}} F_{online}(l)} \\ \vdots \\ e^{\Theta_k^{\mathrm{T}} F_{online}(l)} \end{bmatrix} \tag{6.2.21}$$

基于数据级融合的故障诊断方法流程图如图 6-5 所示。

6.2.3　实验与分析

滚动轴承在旋转机械的运转中起着至关重要的作用。轴承的健康状况直接影响整个系统的可靠性和稳定性。本节使用轴承数据对所提方法的可行性进行验证，并与只使用一维轴承振动数据、只使用监视器截屏图像的情况进行对比。

1. 实验数据描述

本章使用的实验数据集是从美国凯斯西储大学轴承数据中心获取的。实验平台如图 6-6 所示。被测试的轴承支撑电机轴，使用电火花加工技术，人为地在轴承上布置单点故障，故障直径分别为 0.007in、0.014in、0.021in、0.028in、0.04in。电机负载有 0hp、1hp、2hp、3hp 四种状态，采样频率有 12kHz 和 48kHz 两种。在不同的电机负载和采样频率下，分别使用加速度传感器分别采集电机驱动端、风扇端、底座的轴承振动信号作为轴承故障诊断的实验数据。四种不同健康状态的轴承如图 6-7 所示。

我们使用电机负载为 0hp、采样频率为 12kHz、电机转速为 1797r/min 的轴承状态观测数据作为实验数据。健康状态包括内圈故障、外圈故障、滚珠故障和正常四种。实验设计如表 6-1 所示。

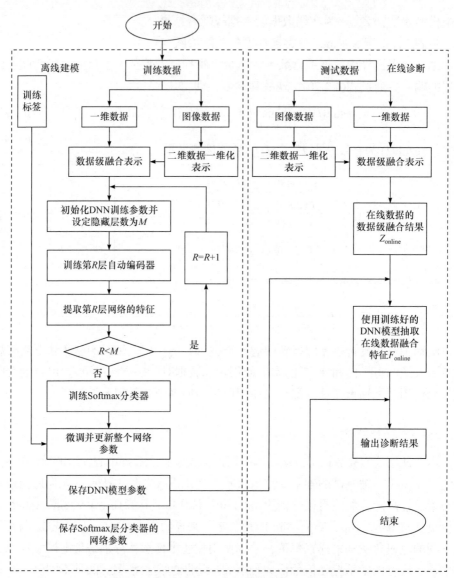

图 6-5 基于数据级融合的故障诊断方法流程图

图 6-6 滚动轴承振动信号获取实验平台

(a) 轴承外圈故障

(b) 轴承滚珠故障

(c) 轴承内圈故障

(d) 正常轴承

图 6-7　四种不同健康状态的轴承

表 6-1　实验设计

实验	故障类型	故障尺寸/in	训练样本	测试样本
实验一	正常轴承、滚珠故障、内圈故障、外圈故障	0、0.007、0.007、0.007	8000	4000
实验二	正常轴承、滚珠故障、内圈故障、外圈故障	0、0.014、0.014、0.014	8000	4000
实验三	正常轴承、滚珠故障、内圈故障、外圈故障	0、0.021、0.021、0.021	8000	4000
实验四	正常轴承、三种尺寸的滚珠故障	0、0.007、0.014、0.021	8000	4000
实验五	正常轴承、三种尺寸的内圈故障	0、0.007、0.014、0.021	8000	4000
实验六	正常轴承、三种尺寸的外圈故障	0、0.007、0.014、0.021	8000	4000

　　实验一表示不同类型故障，故障尺寸较小的情况。实验二表示不同类型故障，故障尺寸稍微增大的情况。实验三表示不同类型故障，故障尺寸较大的情况。为了研究同一种故障的严重程度，我们还设计了实验四～实验六，表示同一类型的

故障，不同故障程度的情况。

对上述六组实验数据做三种方法对比，即只使用一维序列数据进行故障诊断；只使用监视器截屏二维图像进行故障诊断；基于一维序列数据与二维截屏图像进行数据级融合，对所得的结果进行故障诊断。

2. 实验结果分析

基于数据级融合的深度学习故障诊断模型参数如表 6-2 所示。

表 6-2　基于数据级融合的深度学习故障诊断模型参数

实验	深度网络层数	各层神经元数量	最大迭代次数	学习率
实验一	3	100、200、100	2000	0.01
实验二	3	100、200、100	2000	0.01
实验三	3	100、200、100	2000	0.01
实验四	3	100、300、100	3000	0.005
实验五	3	100、300、100	3000	0.005
实验六	3	100、300、100	3000	0.005

1) 实验一

该场景选择的四类数据分别是直径 0.007in 的滚珠故障、内圈故障、外圈故障、正常轴承数据。

不同类型故障、故障尺寸较小时的三种方法诊断分类结果如图 6-8 所示。图 6-8(a)是只使用一维信号序列数据搭建堆叠自编码器模型的故障分类结果。图 6-8(b)是只使用二维监视器截屏图像数据搭建的 CNN 模型的故障分类结果。图 6-8(c)是基于一维信息序列与二维监视器截屏图像进行数据级融合，搭建堆叠自编码器模型故障分类结果。

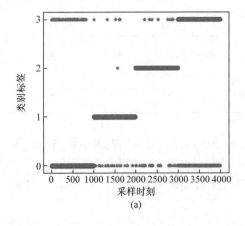

(a)

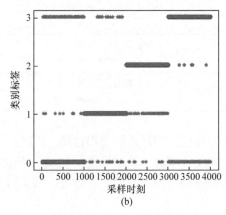

(b)

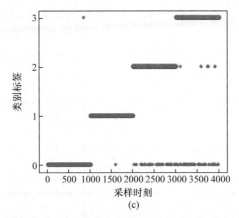

(c)

图 6-8　不同类型故障、故障尺寸较小时的三种方法诊断分类结果

故障诊断结果局部放大图如图 6-9 所示。

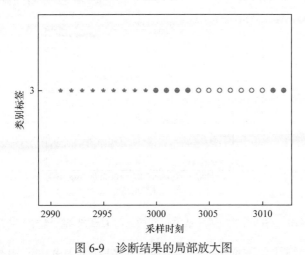

图 6-9　诊断结果的局部放大图

分析图 6-8 不难看出，同一类型故障尺寸较小时，有大量的故障样本点被误分类为正常的一类，说明在故障尺寸较小时，故障诊断的难度较高。只使用一维信号序列数据的故障诊断效果不如只使用图像数据的故障分类效果，本章提出的一维信号序列与二维监视器截屏图像进行数据级融合，故障诊断的效果明显优于只使用一维信号序列数据进行故障诊断的效果，也明显优于只使用二维监视器截屏图像进行诊断的效果。

2) 实验二

该场景选择的四类数据分别是直径 0.014in 的滚珠故障、内圈故障、外圈故障、正常轴承数据。

不同类型故障、故障尺寸增大时的三种方法诊断效果对比如图 6-10 所示。

图 6-10(a)是只使用一维信号序列数据搭建堆叠自编码器模型的故障分类结果。图 6-10(b)是只使用二维图像数据搭建的 CNN 模型的故障分类结果。图 6-10(c)是基于一维信号序列数据与二维图像数据进行数据级融合，搭建堆叠自编码器模型故障分类结果。

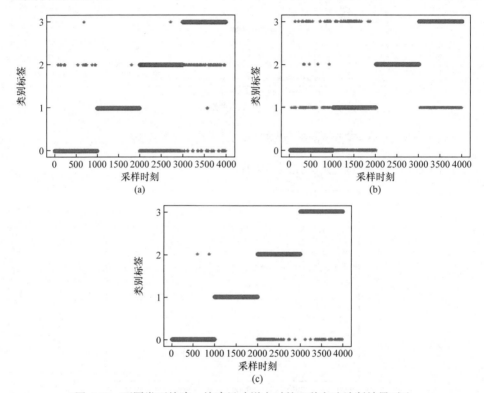

图 6-10　不同类型故障、故障尺寸增大时的三种方法诊断效果对比

可以看出，对于正常轴承，以及故障尺寸均为 0.014in 的内圈故障、外圈故障、滚珠故障样本的故障诊断分类，只使用一维信号序列数据的故障诊断效果不如只使用二维图像数据的故障分类效果。本章提出的一维信号序列数据与二维图像数据进行数据级融合结果进行故障诊断的效果明显优于只使用一维信号序列数据进行故障诊断的效果，也明显优于只使用二维图像数据进行诊断的效果。比较实验二与实验一不难发现，当故障尺寸增大时，三种深度学习诊断方法的故障分类效果都有所提升。

3) 实验三

该场景选择的四类数据分别是直径 0.021in 的滚珠故障、内圈故障、外圈故障、正常轴承数据。

不同类型故障、故障尺寸较大时的三种方法诊断效果对比如图 6-11 所示。

图 6-11(a)是只使用一维信号序列数据搭建堆叠自编码器模型的故障分类结果。图 6-11(b)是只使用二维图像数据搭建的 CNN 模型的故障分类结果。图 6-11(c)是基于一维信号序列数据与二维图像数据进行数据级融合，搭建堆叠自编码器模型的故障分类结果。

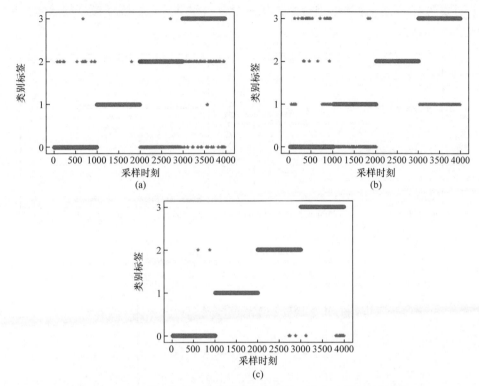

图 6-11　不同类型故障、故障尺寸较大时的三种方法诊断效果对比

　　不难看出，对于同一类型故障，在故障尺寸较大时，只使用一维信号序列数据的故障诊断时，第二类故障被误分的情况较多。只使用二维截屏图像进行故障诊断时，第三类故障被误分的情况较多。基于数据级融合，故障诊断的分类效果明显优于其他两种诊断方法，对第二类、第三类故障数据的分类准确度高。

　　图 6-11(c)的故障分类效果最好，说明对于不同类型故障，故障程度越高，故障诊断的精确度越高。

　　故障预测维护还需要判别故障程度，因此设计实验四、实验五、实验六，对同一故障类型不同故障程度的情况进行诊断分类。

　　4) 实验四

　　该场景选择的四类数据分别是直径 0.007in 的滚珠故障、直径 0.014in 的滚珠故障、直径 0.021in 的滚珠故障、正常轴承数据。该场景对不同故障程度的滚珠故障进行诊断分类。

　　三种方法对不同故障程度的滚珠故障诊断效果对比如图 6-12 所示。图 6-12(a) 是只使用一维信号序列数据搭建堆叠自编码器模型的故障分类结果。图 6-12(b)是 只使用二维图像数据搭建 CNN 模型的故障分类结果。图 6-12(c)是基于一维信号 序列数据与二维图像数据进行数据级融合，搭建堆叠自编码器模型的故障分类 结果。

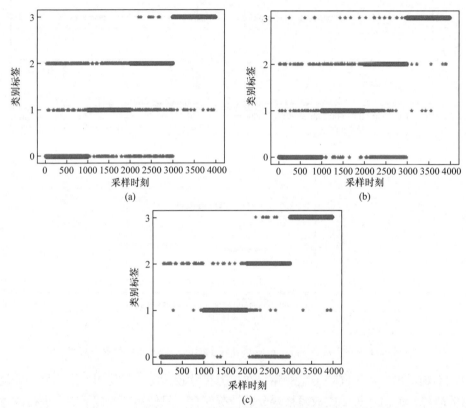

图 6-12　　三种方法对不同故障程度的滚珠故障诊断效果对比

　　图 6-12 的纵坐标表示不同故障程度，纵坐标 0 表示正常状态、纵坐标为 1 表 示故障尺寸为 0.007in 的滚珠故障、纵坐标为 2 表示故障尺寸为 0.014in 的滚珠故 障、纵坐标为 3 表示故障尺寸为 0.021in 的滚珠故障。图 6-12(a)和图 6-12(b)中的 很多*与○不重合，说明只使用一维信号序列数据或只使用二维图像数据的故障 诊断效果较差。本章提出的一维信号序列数据与二维图像数据进行数据级融合， 故障诊断的效果明显优于只使用一维信号序列数据进行故障诊断的效果，也高于 只使用二维图像数据进行诊断的效果。

　　实验四的诊断结果较差，这是因为实验使用的是故障程度不同的同一类故障数据，更不容易区分。

5) 实验五

该场景选取的四类数据分别是直径 0.007in 的轴承内圈故障数据、直径 0.014in 的轴承内圈故障数据、直径 0.021in 的轴承内圈故障数据、正常轴承数据。该场景对不同故障程度的内圈故障进行诊断分类。

三种方法对不同故障程度的内圈故障诊断效果对比如图 6-13 所示。图 6-13(a) 是只使用一维信号序列数据搭建堆叠自编码器模型的故障分类结果。图 6-13(b)是只使用二维图像数据搭建的 CNN 模型的故障分类结果。图 6-13(c)是基于一维信号序列数据与二维图像数据进行数据级融合，搭建堆叠自编码器模型的故障分类结果。

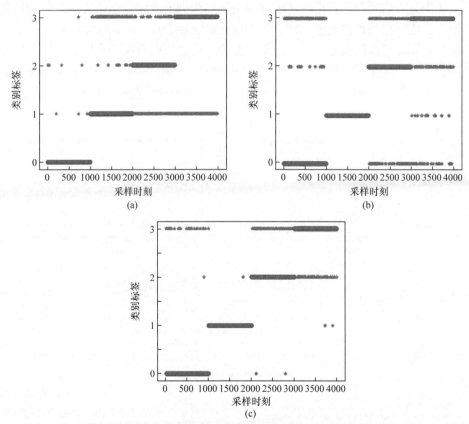

图 6-13　三种方法对不同故障程度的内圈故障诊断效果对比

图 6-13 的纵坐标表示不同故障程度，纵坐标为 0 表示正常状态、纵坐标为 1 表示故障尺寸为 0.007in 的内圈故障、纵坐标为 2 表示故障尺寸为 0.014in 的内圈故障、纵坐标为 3 表示故障尺寸为 0.021in 的内圈故障。本章提出的一维信号序

列数据与二维图像数据进行数据级融合，故障诊断的效果明显优于只使用一维信号序列数据进行故障诊断的效果，也明显优于只使用二维图像数据进行诊断的效果。

与实验一、二、三相比，实验五的诊断结果较差，这是因为实验五使用的是故障程度不同的同一类故障数据，更不容易区分。

6) 实验六

该场景选取的四类数据分别是直径 0.007in 的轴承外圈故障数据、直径 0.014in 的轴承外圈故障数据、直径 0.021in 的轴承外圈故障数据、正常轴承数据。该场景对不同故障程度的外圈故障进行诊断分类。

三种方法对不同故障程度的外圈故障诊断效果对比如图 6-14 所示。图 6-14(a) 是只使用一维信号序列数据搭建堆叠自编码器模型的故障分类结果。图 6-14(b)是只使用二维图像数据搭建的 CNN 模型的故障分类结果。图 6-14(c)是基于一维信号序列数据与二维图像数据进行数据级融合，搭建堆叠自编码器模型的故障分类结果。

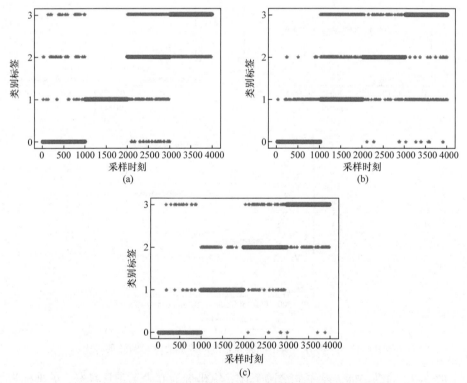

图 6-14　三种方法对不同故障程度的外圈故障诊断效果对比

图 6-14 的纵坐标表示不同故障程度，纵坐标为 0 表示正常状态、纵坐标为 1

表示故障尺寸为 0.007in 的外圈故障、纵坐标为 2 表示故障尺寸为 0.014in 的外圈故障、纵坐标为 3 表示故障尺寸为 0.021in 的外圈故障。一维信号序列数据与二维图像数据进行数据级融合，故障诊断的效果明显优于只使用一维信号序列数据进行故障诊断的效果，也明显优于只使用二维图像数据进行诊断的效果。

对比实验四、五、六的结果可以看出，对于同一种故障类型的不同故障程度情况下的诊断效果，无论是只使用一维信号序列数据，还是只使用二维图像数据诊断分类效果都较差。本章提出的数据级融合的深度学习诊断方法的分类效果均有较明显的提升。

数据级融合的深度学习故障诊断方法有效性比较如表 6-3 所示。滚动轴承数据分类精度对比如图 6-15 所示。

表 6-3　数据级融合的深度学习故障诊断方法有效性比较

实验	只使用一维数据诊断精度/%	只使用图像数据诊断精度/%	数据级融合诊断精度/%
实验一	80.02	82.45	94.27
实验二	81.32	83.35	95.09
实验三	83.89	86.44	97.17
实验四	73.22	75.07	90.45
实验五	74.50	76.59	92.52
实验六	75.52	75.57	91.97

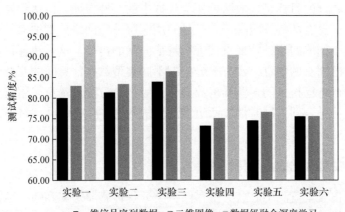

图 6-15　滚动轴承数据分类精度对比

如图 6-15 所示，每组实验的第一列表示只使用一维信号序列数据进行故障诊断的测试分类精度，第二列表示只使用二维图像数据进行故障诊断的分类精度，第三列表示使用基于数据级融合的故障诊断的分类精度。

对比前三组实验不难看出，对不同类型故障诊断，故障尺寸越小，分类精度越低，越不易被检测识别。对于数据级融合处理之后的诊断情况，相比故障尺寸为 0.014in、0.021in 的轴承故障，故障尺寸为 0.007in 的轴承故障诊断精度有明显的提升。

对比表 6-3 的后三组可以看出，对于同一类型故障，不同故障程度下的诊断分类，无论是只使用一维信号序列数据，还是只使用二维图像数据诊断分类效果都较差，本章提出的数据级融合的深度学习诊断方法的分类效果都有较大提升。这是因为同一故障类型，不同故障程度的样本类间差异较小。

对比表 6-3 的每一列，无论是同一故障尺寸的不同故障类型的诊断分类，还是同一故障类型的不同故障程度的诊断分类，只使用一维信号序列数据进行诊断的效果都较差，只使用二维图像数据进行故障诊断的效果稍微提升，基于数据级融合的故障诊断方法的效果有不错的改进。

6.3　基于特征级融合的深度学习故障诊断

相比只使用一种异构数据的深度学习故障诊断方法，基于数据级融合的深度学习故障诊断能够提升故障诊断的精度。但是，不同故障类型数据之间的差异较小时，基于数据级融合的故障诊断效果仅能达到 90%。针对上述问题，本章进一步研究基于特征级融合的深度学习故障诊断方法。

特征级融合的目标是抽取两种异构数据中的共性特征，以达到异构数据综合利用的目的。已有的特征级融合方法是使用深层神经网络分别抽取异构信息的深层特征，对于抽取的两种特征直接进行特征向量的拼接。这导致各自抽取的特征都是基于自己固有的信息，没有充分挖掘不同类型数据信息间的互补能力。相比传统直接进行特征拼接的多源异构数据特征级融合方法，本章采用交替优化的方式，通过设计融合网络同时抽取两组多源异构数据中包含的共性特征，达到异构数据信息互补的融合效果。

6.3.1　基于交替优化的深层特征融合方法

机电设备安全监测中心会大量存储各类远程传感器采集到的一维振动信号、电气量信号等观测数据。部分重要观测变量的动态变化曲线往往通过监视器实时显示。根据监视器的刷新率，后台软件可以把监视器的屏幕截图实时抓取并存储下来。监测器屏幕截图既包含当前时刻被监测变量的信号幅值，又包含当前时间窗内信号的变化趋势。虽然存储形式不同，但是监测中心采集到的所有数据都是对同一设备运行状态的监测。挖掘这些多源异构数据的共性特征才能更好地反映设备的实际运行状态，避免以偏概全带来的设备状态健康评估偏差[2]。

面向多源异构数据处理的复杂性带来的难题，为了达到多源异构数据共性特征抽取的目的，首先使用两类不同的深层神经网络模型对异构的一维数据和二维数据分别做粗略特征提取，即使用 CNN 抽取二维图像数据的特征，使用堆叠自编码器抽取一维信号序列的特征，并通过调整两类神经网络特征输出层节点的个数，使两类数据特征具有相同的结构。然后，设计融合网络挖掘异构信息之间的共性特征，通过交替优化达到抽取两类数据共性特征的目的，从而实现深度学习框架下共性特征的有机融合，进一步改善设备故障诊断的准确性。交替优化特征融合示意图如图 6-16 所示。图中 H_1 和 H_2 是 DNN 的两个隐藏层。

首先，搭建堆叠自编码器构成的 DNN，即

$$[\text{Net}_{\text{DNN}}, \text{Tr}_{\text{DNN}}] = \text{Feedforward}(\theta_{\text{DNN}}; h_1, h_2, \cdots, h_{M_D}; X_{1\text{D}}) \tag{6.3.1}$$

其中，Feedforward 为生成多层神经网络的函数；M_D 为 DNN 的隐藏层数；$h_1, h_2, \cdots, h_{M_D}$ 为第 $1, 2, \cdots, M_D$ 个隐藏层神经元的数量；$\theta_{\text{DNN}} = \{W_{\text{DNN}}, b_{\text{DNN}}\}$ 为网络参数，W_{DNN} 为权值矩阵，b_{DNN} 为偏置向量；$X_{1\text{D}}$ 为输入一维振动信号数据。

基于一维信号数据训练 Net_{DNN}，利用训练好的网络结构和网络参数提取振动信号数据的一维特征 F_{DNN}，即

$$F_{\text{DNN}} = G_{\text{DNN}}(\text{Net}_{\text{DNN}}, \text{Tr}_{\text{DNN}}, X_{1\text{D}}) \tag{6.3.2}$$

其中，G_{DNN} 描述深层神经输入/输出关系的非线性函数；Tr_{DNN} 为训练好的 DNN 模型参数。

然后，搭建深层 Net_{CNN}，即

$$[\text{Net}_{\text{CNN}}, \text{Tr}_{\text{CNN}}] = \text{Feedforward}(\theta_{\text{CNN}}; M_{\text{CL}}, M_{\text{pool}}; \text{SIZE}_{\text{cl}}, \text{SIZE}_{\text{pool}}; X_{2\text{D}}) \tag{6.3.3}$$

其中，M_{CL} 为 CNN 的卷积层数；M_{pool} 为 CNN 的池化层数；SIZE_{cl} 为卷积核大小；$\text{SIZE}_{\text{pool}}$ 为池化核大小；$\theta_{\text{CNN}} = \{W_{\text{CNN}}, b_{\text{CNN}}\}$ 为网络参数，W_{CNN} 为权值矩阵，b_{CNN} 为偏置向量；$X_{2\text{D}}$ 为输入二维图像数据。

基于二维图像数据训练 CNN，利用训练好的网络结构和网络参数提取二维图像数据的一维特征 F_{CNN}，即

$$F_{\text{CNN}} = G_{\text{CNN}}(\text{Net}_{\text{CNN}}, \text{Tr}_{\text{CNN}}, X_{2\text{D}}) \tag{6.3.4}$$

其中，G_{CNN} 为深层 CNN 输入/输出关系的非线性函数；Tr_{CNN} 为训练好的 CNN 模型参数。

最后，通过堆叠自编码器的方式构建融合网络 $\text{Net}_{\text{fusion}}$，即

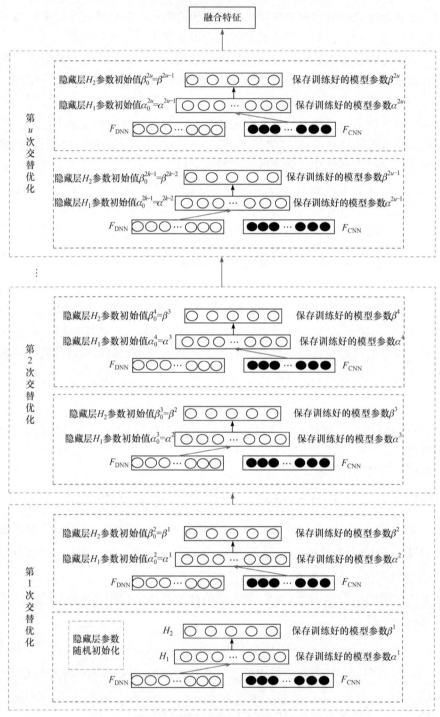

图 6-16　交替优化特征融合示意图

$$[\text{Net}_{\text{fusion}}, \text{Tr}_{\text{fusion}}] = \text{Feedforward}(\theta_{\text{fusion}}; h_1, h_2, \cdots, h_{M_f}; F_{\text{DNN}}, F_{\text{CNN}}) \qquad (6.3.5)$$

其中，M_f 为 DNN 的隐藏层数；$h_1, h_2, \cdots, h_{M_f}$ 为第 $1, 2, \cdots, M_f$ 个隐藏层神经元的数量；$\theta_{\text{fusion}} = \{W_{\text{fusion}}, b_{\text{fusion}}\}$ 为网络参数，W_{fusion} 为权值矩阵，b_{fusion} 为偏置向量。

把一维特征 F_{DNN} 和二维图像数据抽取的特征 F_{CNN} 同时送入融合网络。通过图 6-16 所示的交替优化过程抽取一维信号数据和二维图像数据的共性特征 F_{fusion}。

交替优化特征融合过程的详细方法包括以下步骤。

步骤 1，基于一维信号数据特征输入的 $\text{Net}_{\text{fusion}}$ 输出特征计算。用抽取的一维信号数据特征 F_{DNN} 作为 $\text{Net}_{\text{fusion}}$ 的网络输入，通过式(6.3.6)随机初始化，使用梯度下降算法对网络进行训练优化，得到交替优化的初始网络参数 $\text{Tr}_{\text{fusion1,0}}$，即

$$\text{Tr}_{\text{fusion1,0}} = \begin{cases} W_{\text{fusion},1} = \text{rand}(h_{\text{fusion},1}, Q) \\ b_{\text{fusion},1} = \text{zero}(h_{\text{fusion},1}, 1) \\ W_{\text{fusion},2} = \text{rand}(h_{\text{fusion},2}, h_{\text{fusion},1}) \\ b_{\text{fusion},2} = \text{zero}(h_{\text{fusion},2}, 1) \end{cases} \qquad (6.3.6)$$

其中，$W_{\text{fusion},1}$ 为特征融合网络输入与第一个隐藏层之间的权值；$W_{\text{fusion},2}$ 为第一个隐藏层与第二个隐藏层之间的权值；$b_{\text{fusion},1}$ 为特征融合网络第一个隐藏层的偏置；$b_{\text{fusion},2}$ 为融合网络第二个隐藏层的偏置；$h_{\text{fusion},1}$ 为第一个隐藏层的神经元数量；$h_{\text{fusion},2}$ 表示第一个隐藏层的神经元数量；Q 为特征融合网络输入神经元的个数。

利用该网络抽取基于一维信号数据的融合特征，即

$$F_{\text{fusion1,1D}} = G_{\text{fusion1}} = (\text{Net}_{\text{fusion1}}, \text{Tr}_{\text{fusion1,0}}, \text{Tr}_{\text{fusion1}}, F_{\text{DNN}}) \qquad (6.3.7)$$

其中，G_{fusion1} 为网络的非线性输出函数；$\text{Tr}_{\text{fusion1,0}}$ 为参数初始值；$\text{Tr}_{\text{fusion1}}$ 为训练好的 DNN 模型参数。

步骤 2，以交替优化的方式训练融合网络 $\text{Net}_{\text{fusion}}$。基于二维图像数据特征输入计算 $\text{Net}_{\text{fusion}}$ 的输出特征。使用二维特征 F_{CNN} 作为 $\text{Net}_{\text{fusion}}$ 的网络输入，用上一步保存的隐藏层网络参数作为交替优化网络训练的初始值，即

$$\text{Tr}_{\text{fusion2,0}} = \text{Tr}_{\text{fusion1}} \qquad (6.3.8)$$

无监督逐层训练 $\text{Net}_{\text{fusion}}$ 网络，通过梯度下降算法训练得到第一轮交替后的 $\text{Tr}_{\text{fusion1,2D}}$。

基于当前训练好的网络，以抽取的二维特征 F_{CNN} 为输入，计算该网络的输出，即第一轮交替后抽取的融合特征，即

$$F_{\text{fusion1,2D}} = G_{\text{fusion1}}(\text{Net}_{\text{fusion1}}, \text{Tr}_{\text{fusion2,0}}, \text{Tr}_{\text{fusion1}}, F_{\text{DNN}}) \qquad (6.3.9)$$

$$F_{\text{fusion1}} = F_{\text{fusion1,2D}} \qquad (6.3.10)$$

步骤 3，重构误差计算。

首先，基于共性特征 F_{fusion1} 通过式(6.3.11)计算 DNN 的重构数据，即

$$\text{Rec}_{\text{DNN},1} = \varphi(W_{\text{fusion},2}\varphi(W_{\text{fusion},1}F_{\text{DNN}} + b_{\text{fusion},1}) + b_{\text{fusion},2}) \tag{6.3.11}$$

其中，φ 为 Sigmoid 函数；$W_{\text{fusion},1}$ 为输入层与第一个隐藏层之间的权值；$W_{\text{fusion},2}$ 为第一个隐藏层与第二个隐藏层之间的权值；$b_{\text{fusion},1}$ 为第一个隐藏层的偏置；$b_{\text{fusion},2}$ 为第二个隐藏层的偏置。

然后，基于共性特征 F_{fusion1} 通过式(6.3.12)计算深层 Net_{CNN} 的重构数据，即

$$\text{Rec}_{\text{CNN},1} = \varphi(W_{\text{fusion},2}\varphi(W_{\text{fusion},1}F_{\text{CNN}} + b_{\text{fusion},1}) + b_{\text{fusion},2}) \tag{6.3.12}$$

最后，基于第一次交替后的共性特征 $F_{\text{fusion},1}$，通过式(6.2.13)计算两类网络重构数据的误差，即

$$L_1(\text{Rec}_{\text{DNN},1}, \text{Rec}_{\text{CNN},1}) = \text{Rec}_{\text{DNN},1} - \text{Rec}_{\text{CNN},1} \tag{6.3.13}$$

其中，n 为样本的数量；L_1 为第一次交替。

步骤 4，重复步骤 1～步骤 3 的操作 R 次，直到 $\text{Rec}_{\text{CNN},R}$ 与 $\text{Rec}_{\text{DNN},R}$ 的距离 L_R 足够小，将此时的网络参数保存(记为 $\text{Tr}_{\text{fusion},R}$)，即特征融合网络交替优化后所得的最终网络参数，即

$$\text{Tr}_{\text{fusion}} = \text{Tr}_{\text{fusion},R} \tag{6.3.14}$$

最终网络抽取的特征即融合后所得两类异构数据的共性特征 F_{fusion}，即

$$F_{\text{fusion}} = G_{\text{fusion}}(\text{Net}_{\text{fusion}}, \text{Tr}_{\text{fusion}}, F_{\text{DNN}}, F_{\text{CNN}}) \tag{6.3.15}$$

其中，G_{fusion} 为神经网络输入/输出关系的非线性函数；$\text{Net}_{\text{fusion}}$ 为已保存网络的结构；$\text{Tr}_{\text{fusion},0}$ 为已保存的网络模型参数。

交替融合过程方法流程图如图 6-17 所示。

6.3.2　基于特征级融合的深度学习故障诊断

通过交替优化方法抽取的融合特征可以尽可能地表示两类异构数据中潜在的共性特征，即生成过程中设备的真实运行状态特征。基于共性特征进行故障诊断可以得到更精确的诊断结果。诊断方法的实现过程如下，使用融合后的特征作为 Softmax 分类器的输入，训练 Softmax 分类器，即

$$[\text{Net}_{\text{softmax}}, \text{Tr}_{\text{softmax}}] = \text{Feedforward}(\theta_{\text{softmax}}, h_{\text{out}}, FF_{\text{fusion}}) \tag{6.3.16}$$

其中，h_{out} 为 Softmax 分类器输出神经元的数量；θ_{softmax} 为 Softmax 层的网络参数；FF_{fusion} 为融合后的特征。

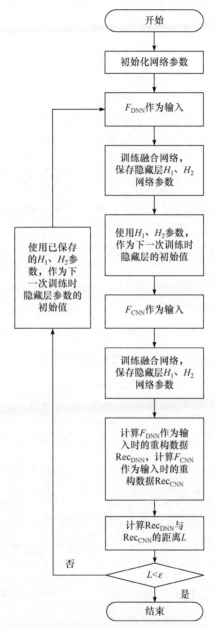

图 6-17 交替融合过程方法流程图

基于特征级融合的深度学习故障诊断的结果为

$$\text{result} = \arg\max_{k=1,2,\cdots,K} \left\{ p(y_i = k \mid h_\theta(FF_{\text{fusion}}); \theta) \right\} \tag{6.3.17}$$

$$h_\theta(FF_{\text{fusion}}) = \begin{bmatrix} p(y_i=1|FF_{\text{fusion}};\theta) \\ p(y_i=2|FF_{\text{fusion}};\theta) \\ \vdots \\ p(y_i=k|FF_{\text{fusion}};\theta) \end{bmatrix} = \frac{1}{\sum_{k=1}^{K} e^{\theta_k^{\text{T}} FF_{\text{fusion}}}} \begin{bmatrix} e^{\theta_1^{\text{T}} FF_{\text{fusion}}} \\ e^{\theta_2^{\text{T}} FF_{\text{fusion}}} \\ \vdots \\ e^{\theta_k^{\text{T}} FF_{\text{fusion}}} \end{bmatrix} \quad (6.3.18)$$

在融合网络反向调整的过程中,对损失函数进行改进,增加 L_2 正则化惩罚项,用以防止模型过拟合。增加 L_2 正则化惩罚项后的损失函数为

$$J_c = \frac{1}{2n}\sum_k \|y-y'\|^2 + \frac{\alpha}{2n}\sum_k \|w\|_2^2 \quad (6.3.19)$$

其中,α 为 L_2 正则化超参数;y 为原始标签;y' 为真实输出结果;n 为样本总数;w 为权值矩阵的列向量。

当获取 t_k 时刻的多源异构数据时,在线一维信号数据可以表示为 $X_{\text{online,1D}}(t_k)$,在线二维数据可以表示为 $X_{\text{online,2D}}(t_k)$。

使用训练好的 Net_{DNN} 抽取在线一维信号数据的特征,即

$$F_{\text{DNN}}(t_k) = G_{\text{DNN}}(\text{Net}_{\text{DNN}}, \text{Tr}_{\text{DNN}}, X_{\text{online,1D}}(t_k)) \quad (6.3.20)$$

使用训练好的 Net_{CNN} 抽取在线二维数据的特征,即

$$F_{\text{CNN}}(t_k) = G_{\text{DNN}}(\text{Net}_{\text{CNN}}, \text{Tr}_{\text{CNN}}, X_{\text{online,2D}}(t_k)) \quad (6.3.21)$$

然后,使用训练好的融合网络 $\text{Net}_{\text{fusion}}$ 抽取在线一维信号数据与二维数据的共性特征,即

$$F_{\text{fusion}}(t_k) = G_{\text{fusion}}(\text{Net}_{\text{fusion}}, \text{Tr}_{\text{fusion}}, F_{\text{DNN}}(t_k), F_{\text{CNN}}(t_k)) \quad (6.3.22)$$

最后,将在线异构数据进行特征级融合所抽取的共性特征 $F_{\text{fusion}}(t_k)$ 作为 Softmax 分类器的输入,通过下式实现故障诊断分类,即

$$\text{result}(t_k) = \underset{k=1,2,\cdots,K}{\arg ax}\ \{p(y_i=k|h_\theta(FF_{\text{fusion}}(t_k));\theta)\} \quad (6.3.23)$$

$$h_\theta(FF_{\text{fusion}}(t_k)) = \begin{bmatrix} p(y_i=1|FF_{\text{fusion}}(t_k);\theta) \\ p(y_i=2|FF_{\text{fusion}}(t_k);\theta) \\ \vdots \\ p(y_i=k|FF_{\text{fusion}}(t_k);\theta) \end{bmatrix} = \frac{1}{\sum_{k=1}^{K} e^{\theta_k^{\text{T}} FF_{\text{fusion}}(t_k)}} \begin{bmatrix} e^{\theta_1^{\text{T}} FF_{\text{fusion}}(t_k)} \\ e^{\theta_2^{\text{T}} FF_{\text{fusion}}(t_k)} \\ \vdots \\ e^{\theta_k^{\text{T}} FF_{\text{fusion}}(t_k)} \end{bmatrix} \quad (6.3.24)$$

基于深度学习的特征融合方法流程图如图 6-18 所示。

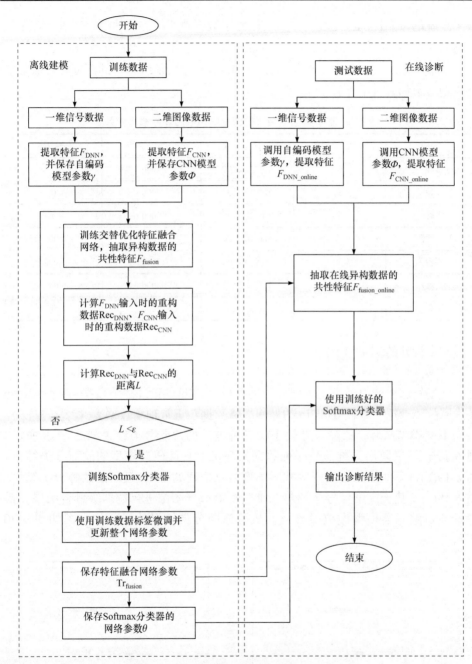

图 6-18　基于深度学习的特征融合方法流程图

6.3.3　实验与分析

滚动轴承对旋转机械的运转起着至关重要的作用。轴承的健康状况直接影响整个系统的可靠性和稳定性。本节使用轴承数据对所提方法的可行性进行讨论，并与只使用一维轴承数据和监控中心监视器截屏二维图像数据的情况对比。

本节使用的实验数据平台与 6.2.3 节相同。基于特征级融合的深度学习故障诊断模型参数如表 6-4 所示。

表 6-4　基于特征级融合的深度学习故障诊断模型参数

实验	深度网络层数	各层神经元数量	最大迭代次数	学习率
实验一	3	100/200/100	2000	0.01
实验二	3	100/200/100	2000	0.01
实验三	3	100/200/100	2000	0.01
实验四	3	100/300/100	3000	0.005
实验五	3	100/300/100	3000	0.005
实验六	3	100/300/100	3000	0.005
实验七	3	200/500/200	5000	0.01

本章设计的实验如下。

1) 实验一

该场景选取的故障类型数据分别是直径 0.007in 的滚珠故障数据、直径 0.007in 的内圈故障数据、直径 0.007in 的外圈故障数据、正常轴承数据。

不同类型故障、故障尺寸较小时三种方法的诊断分类结果如图 6-19 所示。图 6-19(a)是只使用一维信号序列数据搭建堆叠自编码器模型的故障分类结果。图 6-19(b)是只使用二维监视器截屏图像数据搭建的 CNN 模型的故障分类结果。图 6-19(c)是基于一维信号序列与二维监视器截屏图像进行数据级融合结果，搭建堆叠自编码器模型做故障分类。故障诊断分类结果的局部放大图如图 6-20 所示。

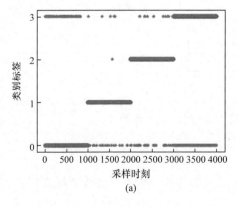

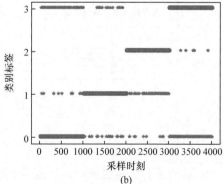

(a)　　　　　　　　　　　　　　　　(b)

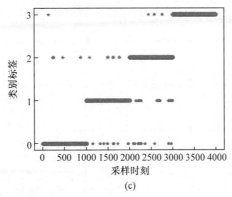

(c)

图 6-19　不同类型故障、故障尺寸较小时三种方法的诊断分类结果

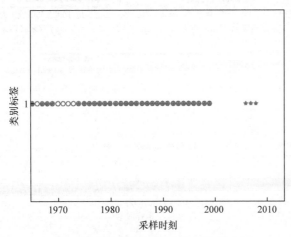

图 6-20　故障诊断分类结果的局部放大图

不难看出，对于同一类型故障，在故障尺寸较小情况下，有大量的故障样本点被误分类为正常的一类，说明在故障尺寸较小时，故障诊断的难度较高。只使用一维信号序列数据的故障诊断效果不如只使用二维图像数据的故障分类效果。本章提出的一维信号序列数据与二维图像数据进行特征级融合，故障诊断的效果明显优于只使用一维信号序列数据进行故障诊断的效果，也明显优于只使用二维监视器截屏图像进行诊断的效果。

2）实验二

该场景选取的故障类型数据分别是直径 0.014in 的滚珠故障数据、内圈故障、外圈故障、正常轴承数据。

不同类型故障、故障尺寸增大时三种方法的诊断分类结果如图 6-21 所示。图 6-21(a)是只使用一维信号序列数据搭建堆叠自编码器模型的故障分类结果。

图 6-21(b)是只使用二维图像数据搭建的 CNN 模型的故障分类结果。图 6-21(c)是基于一维信号序列数据与二维图像数据进行特征级融合，搭建堆叠自编码器模型故障分类结果。

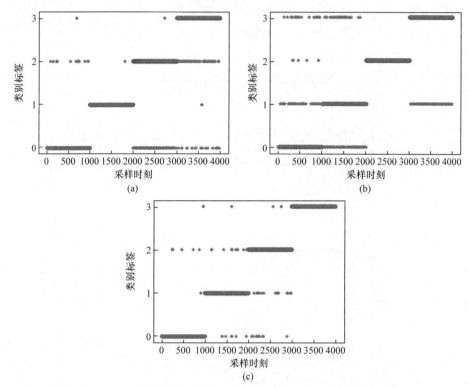

图 6-21　不同类型故障、故障尺寸增大时三种方法的诊断分类结果

可以看出，对于正常轴承，以及故障尺寸均为 0.014in 的三种故障的诊断分类，只使用一维信号序列数据的故障诊断效果不如只使用二维图像数据的故障分类效果，本章提出的基于特征级融合的深度学习故障的效果明显优于只使用一维信号序列数据进行故障诊断的效果，也高于只使用二维图像数据进行诊断的效果。对比实验二与实验一可以看出，当故障尺寸增大时，无论哪种诊断方法的故障分类效果都更好。

3) 实验三

该场景选取的故障类型数据分别是直径为 0.021in 的滚珠故障数据、内圈故障、外圈故障、正常轴承数据。

不同类型故障、故障尺寸较大时三种方法的诊断分类结果如图 6-22 所示。图 6-22(a)是只使用一维信号序列数据搭建堆叠自编码器模型的故障分类结果。

图 6-22(b)是只使用二维图像数据搭建的 CNN 模型的故障分类结果。图 6-22(c)是基于一维信号序列数据与二维图像数据进行特征级融合故障诊断的分类结果。

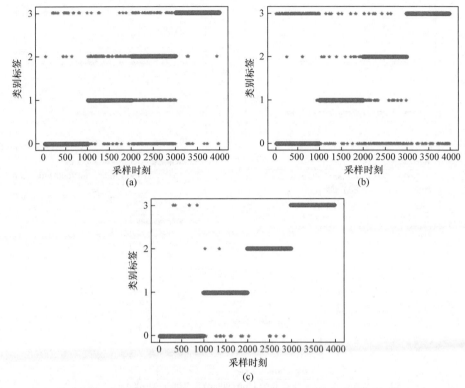

图 6-22　不同类型故障、故障尺寸较大时三种方法的诊断分类结果

可以看出，对于正常轴承，故障尺寸均为 0.021in 的三种故障的诊断分类，只使用一维信号序列数据的故障诊断效果不如只使用二维图像数据的故障分类效果。本章提出的基于特征级融合的深度学习故障的效果明显优于只使用一维信号序列数据进行故障诊断的效果，也明显优于只使用二维图像数据进行诊断的效果。对比实验一、实验二、实验三发现，随着故障程度的加深，故障诊断的效果也逐渐提高。

故障预测维护还需要判别故障程度，为此本章设计了实验四、实验五、实验六，对同一故障类型不同故障程度进行诊断分类。

4) 实验四

该场景选取的故障类型数据分别是直径为 0.007in 的滚珠故障数据、直径为 0.014in 的滚珠故障数据、直径为 0.021in 的滚珠故障数据、正常轴承数据。

三种方法对不同故障程度的滚珠故障诊断结果对比如图 6-23 所示。图 6-23(a)是只使用一维信号序列数据搭建堆叠自编码器模型的故障分类结果。图 6-23(b)是只使用二维图像数据搭建 CNN 模型的故障分类结果。图 6-23(c)是基于一维信号序列数据与二维图像数据进行特征级融合故障诊断的分类结果。

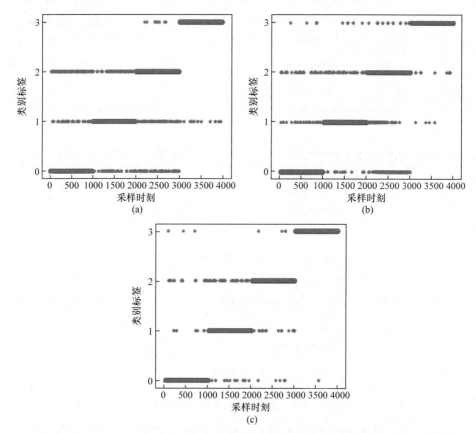

图 6-23　三种方法对不同故障程度的滚珠故障诊断结果对比

图 6-23(a)和图 6-23(b)中*与○不重合的较多，说明只使用一维信号序列数据或只使用二维截屏图像数据的故障诊断效果较差。本章提出的一维信号序列数据与二维图像数据进行特征级融合故障诊断的效果明显优于只使用一维信号序列数据进行故障诊断的效果，也明显优于只使用二维图像数据进行诊断的效果。

不难看出，实验四的诊断结果较差，这是因为实验使用的是故障程度不同的同一类故障数据，更不容易区分。

5) 实验五

该场景选取的故障类型数据分别是直径为 0.007in 的轴承内圈故障数据、直径为 0.014in 的轴承内圈故障数据、直径为 0.021in 的轴承内圈故障数据、正常轴承数据。

三种方法对不同故障程度的内圈故障诊断结果对比如图 6-24 所示。图 6-24(a) 是只使用一维信号序列数据搭建堆叠自编码器模型的故障分类结果。图 6-24(b)是只使用二维图像数据搭建 CNN 模型的故障分类结果。图 6-24(c)是基于一维信号序列数据与二维图像数据进行特征级融合故障诊断的结果。

图 6-24 中纵坐标为 0 表示正常状态、纵坐标为 1 表示故障尺寸为 0.007in 的内圈故障、纵坐标为 2 表示故障尺寸为 0.014 的内圈故障,纵坐标为 3 故障尺寸为 0.021 的内圈故障。图 6-24(a)和图 6-24(b)中,*与○不重合说明只使用一维信号序列数据或只使用二维截屏图像数据的故障诊断效果较差。本章提出的一维信号序列数据与二维图像数据进行特征级融合故障诊断的效果明显优于只使用一维信号序列数据进行故障诊断的效果,也明显优于只使用二维图像数据进行诊断的效果。

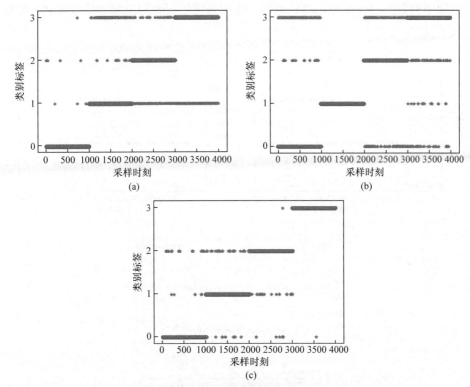

图 6-24 三种方法对不同故障程度的内圈故障诊断结果对比

不难看出,实验四和实验五的诊断结果较差,这是因为实验四和实验五使用的是故障程度不同的同一类故障数据,更不容易区分。

6) 实验六

该场景选取的故障类型数据分别是直径为 0.007in 的轴承外圈故障数据、直径为 0.014in 的轴承外圈故障数据、直径为 0.021in 的轴承外圈故障数据、正常轴承数据。

　　三种方法对不同故障程度的外圈故障诊断结果对比如图 6-25 所示。图 6-25(a)表示只使用一维信号序列数据搭建堆叠自编码器模型的故障分类结果。图 6-25(b)表示只使用二维图像数据搭建 CNN 模型的故障分类结果。图 6-25(c)表示基于一维信号序列数据与二维图像数据进行特征级融合故障诊断的结果。

　　图 6-25 中纵坐标为 0 表示正常状态，纵坐标为 1 表示故障尺寸为 0.007in 的外圈故障，纵坐标为 2 表示故障尺寸为 0.014in 的外圈故障，纵坐标为 3 表示故障尺寸为 0.021in 的外圈故障。图 6-25(a)和图 6-25(b)的*与○不重合，说明只使用一维信号序列数据或只使用二维图像数据的故障诊断效果较差。本章提出的一维信号序列数据与二维图像数据进行特征级融合故障诊断的效果明显优于只使用一维信号序列数据进行故障诊断的效果，也明显优于只使用二维图像数据进行诊断的效果。

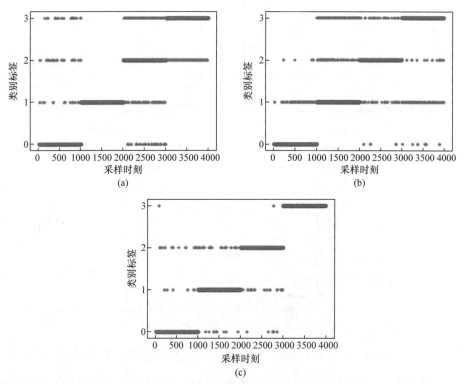

图 6-25　　三种方法对不同故障程度的外圈故障诊断结果对比

　　对比实验四、实验五、实验六的结果可以看出，对于同一种故障类型的不同故障程度情况下的诊断效果，无论是只使用一维信号序列数据，还是只使用二维图像数据诊断分类效果都较差，本章提出的数据级融合的深度学习故障诊断方法的分类效果都有一定的提升。

为了验证本章提出的基于特征级融合的深度学习故障诊断方法在处理更多故障类型诊断结果的有效性，实验七对不同故障类型、不同故障程度的数据进行诊断分类。

7) 实验七

该场景选取的故障数据分别是故障直径为 0.007in 的滚珠故障、故障直径为 0.014in 的滚珠故障、故障直径为 0.021in 的滚珠故障、故障直径为 0.007in 的内圈故障、故障直径为 0.014in 的内圈故障、故障直径为 0.021in 的内圈故障、故障直径为 0.007in 的外圈故障、故障直径为 0.014in 的外圈故障、故障直径为 0.021in 的外圈故障、正常轴承数据。

不同故障类型、不同故障程度情况下三种方法故障诊断结果对比如图 6-26 所示。

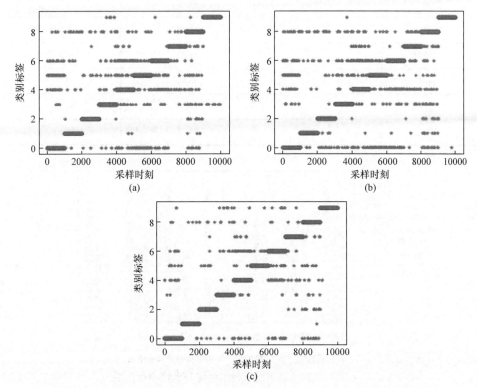

图 6-26　不同故障类型、不同故障程度情况下三种方法故障诊断结果对比

由表 6-5 可以看出，前三组实验故障尺寸分别是 0.007in、0.0014in、0.021in 的三种故障，以及正常数据的分类情况。故障尺寸为 0.007in 时，无论是只使用一

维信号序列数据，还是只使用二维图像数据，诊断的精度都比较低。故障尺寸为0.021in 时，只使用一维信号序列数据或者只使用二维图像数据的诊断精度最高。故障尺寸越小，分类精度越低，越不易被诊断识别。对于特征级融合处理之后的故障诊断情况，相比故障尺寸为 0.014in、0.021in 的轴承故障，故障尺寸为 0.007in 的轴承故障诊断精度有明显的提升，说明多源异构数据特征级融合的深度学习故障诊断对于小尺寸故障诊断的改进更加明显。即便将故障数据增加到 10 类，本章提出的特征级融合故障诊断方法也有较高的精度，说明了本章提出方法的有效性。三种方法对轴承数据故障分类精度对比图如图 6-27 所示。

表 6-5 特征级融合深度学习故障诊断方法有效性对比

实验	只使用一维数据诊断精度/%	只使用图像数据诊断精度/%	特征级融合深度学习诊断精度/%
实验一	80.02	82.45	97.14
实验二	81.32	83.35	97.50
实验三	83.89	86.44	98.92
实验四	73.22	75.07	93.27
实验五	74.50	76.59	94.60
实验六	75.52	75.57	94.12
实验七	70.27	73.38	90.13

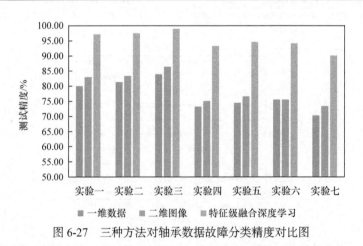

图 6-27 三种方法对轴承数据故障分类精度对比图

由表 6-6 可以看出，在相同条件下，基于特征级融合的故障诊断精度高于基于数据级融合的故障诊断精度。对比实验三、实验四、实验五不难看出，当不同类型故障数据之间的差异较小时，本章提出的特征级融合的故障诊断方法有更好的精确度。

表 6-6 数据级融合和特征级融合故障诊断的精度对比

实验	基于数据级融合的故障诊断精度/%	基于特征级融合的故障诊断精度/%
实验一	94.27	97.14
实验二	95.09	97.50
实验三	97.17	98.92
实验四	90.45	93.27
实验五	92.52	94.60
实验六	91.97	94.12

6.4 本 章 小 结

为了更好地利用多源异构数据信息，获得更为准确的故障诊断结果，本章在深度学习框架下设计多源异构数据的融合机制，实现多源异构数据的数据级融合和特征级融合，对抽取的特征进行故障诊断，有效改善深度学习故障诊断方法的精确性，实现数据利用的创新。

参 考 文 献

[1] 何一帆. 基于多源异构数据融合的深度学习故障诊断. 开封: 河南大学, 2019.

[2] Zhou F N, Yang S, He Y F, et al. Fault diagnosis based on deep learning by extracting inherent common feature of multi-source heterogeneous data. Proceedings of the Institution of Mechanical Engineers Part I-Journal of Systems and Control Engineering, 2021, 235(10): 1858-1872.

[3] Zhou F N, Zhang Z Q, Chen D M. Real-time fault diagnosis using deep fusion of features extracted by parallel long short-term memory with peephole and convolutional neural network. Proceedings of the Institution of Mechanical Engineers Part I- Journal of Systems and Control Engineering, 2021, 235(10): 1873-1897.

第 7 章　基于分级深层神经网络的多模态故障诊断

7.1　引　　言

由于负载的改变或环境的改变，机电设备通常以多模态的方式运行，因此采集到的观测数据随着模态的变化而变化。模式划分是故障分类之前的一个重要步骤。本节给出一种基于深度学习的多模态故障分类方法[1,2]。首先，在第一层网络中进行多模态划分。然后，在第二层网络中，对每种模态分别利用不同的 DNN 分类模型得到更准确的故障分类结果。为了给预测性维护提供更有价值的信息，在第三层网络建立一个额外的 DNN，以便在给定的模态下进一步对某个故障部件进行分类并判断不同故障类型的严重程度，为设备进行预测维护提供有效依据。

7.2　基于深层神经网络的故障诊断

本节采用堆叠自动编码器构建 DNN 模型，从输入样本中提取机械装备故障特征。首先，对采集到的振动信号进行数据预处理。由于频域信号对机械装备故障的敏感程度远高于时域信号对故障的敏感度，因此本节通过 FFT 对采集的时域信号进行时频转换。然后，使用预处理后的数据作为 DNN 的输入，通过无监督逐层预训练来提取故障特征。最后，根据有限的样本标签，利用 BP 算法对整个网络进行微调，更新整个网络参数 θ，完成故障诊断。机械装备的故障诊断通常分为两个过程，即历史数据建模和新故障样本诊断。训练数据用于构建并训练DNN 模型，得到训练参数 θ，利用训练参数 θ 初始化测试数据，验证所构建模型的诊断效果，将错误分类的个数作为 DNN 分类精确度的参考指标。基于 DNN 的故障诊断框图如图 7-1 所示。

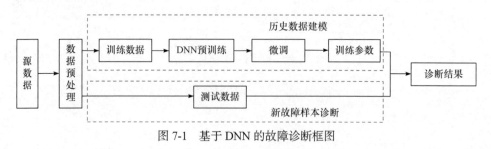

图 7-1　基于 DNN 的故障诊断框图

DNN 把不同样本视为来自同一模态的观测数据，抽取全局特征而非某具体模态的特有特征，因此无法保证故障诊断的精确性，更无法精确地区分故障的程度。

7.3　基于分级深层神经网络的多模态故障诊断

在现代工业实际生产中，往往存在多种模态。对于多模态过程的处理，从不同模态的观测中提取的潜在特征也是变化的。因此，为了更加精确地进行特征提取，有必要对观测数据进行模态划分。模态划分是多模态故障诊断的一个重要步骤。本节通过构建分级 DNN 模型解决多模态故障诊断的精确性问题。首先，在第一层级构建 DNN 模型，实现模态划分。然后，在第二层级对每个模态构建 DNN 模型，抽取各模态专有的故障特征。最后，为了甄别故障的严重程度，建立第三层级 DNN 模型。分级 DNN 结构如图 7-2 所示。

基于分级 DNN 多模态故障诊断的过程如下。

1) 基于历史数据的分级 DNN 多模态故障诊断模型构建

步骤 1，数据预处理。首先，对所有采集的振动信号进行归一化处理。然后，对归一化后的数据利用 FFT 获取机电设备的频域信号。最后，将预处理后的数据随机分为训练数据和测试数据。

步骤 2，模态划分。首先，建立一个 DNN 模型来确定每个样本的模态标签。整个数据集被用作模态划分 DNN 模型的输入。划分的过程分为以下三个部分。

① 在第一层级上构建模态划分 DNN。构建一个具有 N 个隐藏层的 DNN，即

$$[\text{Net}_1, \text{Tr}_1] = \text{Feedforward}(\theta'_{11}; H_{11}, H_{12}, \cdots, H_{1N}; S_1) \tag{7.3.1}$$

其中，$\theta'_{11} = \{W_1, b_1\}$，$W_1$ 为权值矩阵，b_1 为偏置向量；$H_{11}, H_{12}, \cdots, H_{1N}$ 为各隐藏层神经元的个数；S_1 为训练数据集。

DNN$_1$ 网络学习所得的参数保存在 Tr$_1$ 中。模态划分网络 DNN$_1$ 训练输入神经元的个数 M_{11} 为

$$M_{11} = \text{size}(S_1) \tag{7.3.2}$$

通过式(7.3.3)和式(7.3.4)初始化 DNN$_1$ 的参数，即

$$W_1 = \text{rand}(H_{11}, M_{11}) \tag{7.3.3}$$

② 通过训练 DNN$_1$ 获取参数 θ'_1。利用无监督逐层特征提取的方法从数据集 S_1 中提取模态特征，即

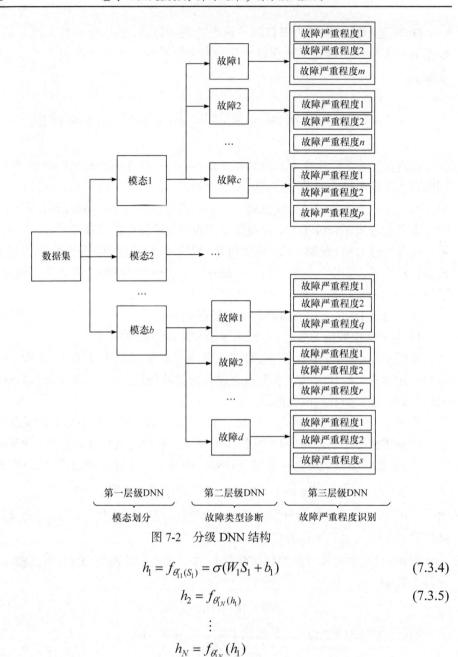

图 7-2　分级 DNN 结构

$$h_1 = f_{\theta'_{1_1}(S_1)} = \sigma(W_1 S_1 + b_1) \tag{7.3.4}$$

$$h_2 = f_{\theta'_{1_N}(h_1)} \tag{7.3.5}$$

$$\vdots$$

$$h_N = f_{\theta'_{1_N}}(h_1)$$

③ 模态分类器构建。在 DNN$_1$ 顶层添加一个 Softmax 分类器，部分样本的分类标签集 ρ_1 被用于 DNN$_1$ 的反向调整和训练参数的更新，第 m 个样本所属的划分准则可通过式(7.3.6)给出，即

$$\text{Mode}(m) = \text{argmax}\left\{P(Y_1(m) = b \mid S_1(m); \theta_1'; \text{Tr}_1)\right\} \tag{7.3.6}$$

其中，$\theta_1' = \left\{\theta_{11}', \theta_{12}', \cdots, \theta_{1N}', \theta_{1(N+1)}'\right\}$；$m$ 为样本数目；$Y_1(m)$ 为第 m 个样本的输出；b 为期望模态标签；$\text{Mode}(m)$ 为第 m 个训练样本的模态标签。

通过期望模态标签和 DNN_1 得到的模态分类标签计算模态误划分个数，即

$$e_1 = \text{length}(S_{\text{miss}}) \tag{7.3.7}$$

其中，length 函数用于求取模态误划分个数；S_{miss} 为错误分类数据集，即

$$S_{\text{miss}} = \left\{x_m \mid \text{Mode}(m) \neq \text{Label}(m)\right\} \tag{7.3.8}$$

步骤 3，多故障诊断。

① 基于步骤 2 的模态划分结果，构建第二层级的 DNN，用于各模态数据的特征提取，包含 B 个 DNN，$S_{2,b}(b = 1, 2, \cdots, B)$ 表示第二层级的第 b 个 DNN 的训练集，即

$$[\text{Net}_{2,b}, \text{Tr}_2] = \text{Feedforward}(\theta_{21}'; H_{21}, H_{22}, \cdots, H_{2N}; S_{2,b}) \tag{7.3.9}$$

DNN_2 参数的初始化机制与步骤 2 相同。

② 类似于式(7.3.5)的训练方式，DNN_2 各网络参数为 $\theta_{2,b}'$。

③ 通过训练得到的 $\text{Net}_{2,b}$ 实现故障诊断。假设每一种模态有 $c(c = 1, 2, \cdots, C)$ 种不同的故障类型，则第 b 个模态第 m 个样本的故障诊断结果为

$$\text{Fd}_{2,b}(m) = \text{argmax}\left\{P(Y_{2,b}(m) = c \mid S_{2,b}(m); \theta_{2,b}'; \text{Tr}_{2,b})\right\} \tag{7.3.10}$$

计算第 b 个模态错误分类的个数 $e_{2,b}(b = 1, 2, \cdots, B)$，通过式(7.3.11)计算该分类步骤的误分个数，即

$$e_2 = \sum_{b=1}^{B} e_{2,b} \tag{7.3.11}$$

步骤 4，故障严重程度识别。为了甄别故障严重程度，设计第三层级 DNN 模型。构建第三个层级的深层网络 $\text{Net}_{3,b,c}$，$S_{3,b,c}$ 为第三层级第 b 个下第 c 种故障的 DNN 的训练集。参数的训练处理类似步骤 2 和步骤 3，故障严重程度为

$$\text{Severity}_{3,b,c}(m) = \text{argmax}\left\{P(Y_3(m) = d \mid S_{3,b,c}(m); \theta_{3,b,c}'; \text{Tr}_{3,b,c})\right\} \tag{7.3.12}$$

误分类个数可以通过式(7.3.13)和式(7.3.14)计算，即

$$e_{3,c} = \sum_{b=1}^{B} e_{3,b,c} \tag{7.3.13}$$

$$e_3 = \sum_{c=1}^{BC} e_{3,c} \qquad (7.3.14)$$

其中，$e_{3,b,c}$ 为第 b 个模态下第 c 种故障的误分类个数；$e_{3,c}$ 为所有模态的误分类个数；e_3 为故障严重程度的误识别个数。

步骤 5，故障诊断精确度计算。分级 DNN 故障诊断精确度是通过误诊断样本数目定义的，即

$$\text{Correct}_{\_rate} = \left(1 - \frac{e_3}{M}\right) \times 100\% \qquad (7.3.15)$$

基于分级 DNN 的多模态故障分类的准确率可以通过式(7.3.16)定义，即

$$\text{Correct}_{\_rate} = \left(1 - \frac{\sum\limits_{b=1}^{B} \sum\limits_{c=1}^{C} e_{3,b,c}}{M}\right) \times 100\% \qquad (7.3.16)$$

其中，M 为总样本个数。

2) 新故障样本诊断

在离线学习阶段，通过对分级 DNN 训练，保存网络训练模型，新观测样本到来就可以直接将其输入训练好的模型中，实现新样本的故障诊断。具体步骤如下。

① 对新样本数据进行 FFT 预处理和数据归一化。

② 利用训练好的 DNN$_1$ 进行模态划分。一旦新样本 $S_1'(k)$ 获得，通过训练好的网络 Net$_1$ 可以计算出每个新样本属于各模态的概率，利用式(7.3.17)将测试样本划分成不同的模态，即

$$\text{Mode}(k) = \text{argmax}\left\{P(Y_1(k) = b \mid S_1'(k); \theta_1'; \text{Tr}_1)\right\} \qquad (7.3.17)$$

③ 判断新样本属于第 b 个模态，即 $\text{Mode}(k) = b$ 时，把 $S_1'(k)$ 作为 Net$_{2,b}$ 的输入，得到故障诊断的类型 Fd，即

$$\text{Fd}_{2,b}(k) = P(S_1'(k) = c \mid S_1'(k); \theta_{2,b}'; \text{Tr}_{2,b}) \qquad (7.3.18)$$

④ 判定故障的严重程度。$S_{3,b,c}'$ 为测试数据集，$S_{3,b,c}'$ 中第 m 个样本的故障严重程度标签可以通过式(7.3.19)计算，即

$$\text{Severity}_{3,b,c}(k) = P(S_1'(k) = d \mid S_1'(k); \theta_{3,b,c}'; \text{Tr}_{3,b,c}) \qquad (7.3.19)$$

基于分级 DNN 的多模态故障诊断流程图如图 7-3 所示。

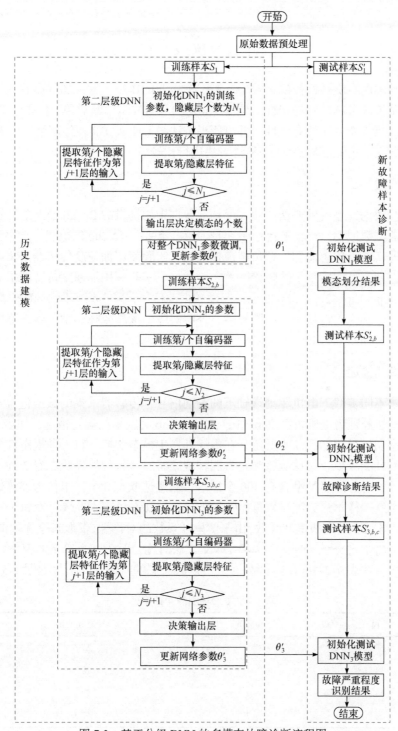

图 7-3 基于分级 DNN 的多模态故障诊断流程图

7.4　实验与分析

滚动轴承在旋转机械的运转中起着至关重要的作用，轴承的健康状况直接影响整个系统的可靠性和稳定性。本节以滚动轴承为故障诊断对象，验证分级 DNN 多模态故障诊断方法的有效性，并将所提方法与 DNN、BP 神经网络、SVM、分级 BP 神经网络和分级 SVM 等传统方法进行比较。

7.4.1　实验平台

实验数据集是美国凯斯西储大学轴承数据中心提供的 Benchmark 公开轴承健康状态测试数据集。实验平台如图 5-17 所示，包括一台 2hp 的电机、功率计、电子控制器、转矩传感器和一台负载模拟电机。实验使用加速度传感器采集电机驱动端的振动信号作为轴承故障诊断的实验数据。实验利用加速度传感器采集负载分别为 0hp、1hp、2hp、3hp 的电机驱动端振动信号，采样频率为 48kHz。轴承的健康状况分别为正常状态、内圈故障、外圈故障、滚珠故障。轴承各故障的尺寸分别为 0.007in、0.014in、0.021in。

7.4.2　数据描述

采集不同负载下电机驱动端轴承的振动信号，传感器采集的数据包含 4 种不同的模态，分别为电机负载 0hp、1hp、2hp、3hp 时轴承的运转情况，如表 7-1 所示。模态切换过程如图 7-4 所示，在虚线处发生模态切换。每一种模态都含有内圈故障、外圈故障、滚珠故障和正常四种健康状态。每种故障状态有 3 种不同的故障尺寸，每种故障类型含有 400 个样本，任意选取 100 个样本作为训练数据，剩下的 100 个样本作为测试数据。每个样本含有 2048 个采样时刻。对每个样本利用 FFT 得到 2048 个傅里叶系数，由于傅里叶系数的对称性，仅取每个样本前 1024 个系数。为了将分级 DNN 方法和 DNN 方法对比，对于一个给定的模态，DNN 的样本数目在表 7-2 中列出。此外，10 种健康状态的时域观测信号如图 7-5 所示。

表 7-1　滚动轴承的 4 种模态

模态	负载/hp	转速/(r/min)
模态 1	0	1797
模态 2	1	1772
模态 3	2	1750
模态 4	3	1730

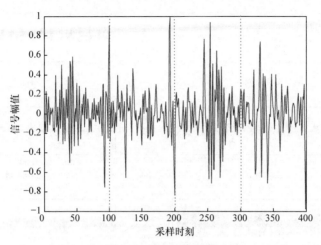

图 7-4 模态切换过程

表 7-2 给定模态的数据描述

不同故障位置的数据集	不同故障严重程度数据集	样本数目	故障类型	故障尺寸/in
正常	正常	300	正常	0.000
$S_{b,1}$	$S_{b,1,1}$	300	内圈故障	0.007
	$S_{b,1,2}$	300	内圈故障	0.014
	$S_{b,1,3}$	300	内圈故障	0.021
$S_{b,2}$	$S_{b,2,1}$	300	外圈故障	0.007
	$S_{b,2,2}$	300	外圈故障	0.014
	$S_{b,2,3}$	300	外圈故障	0.021
$S_{b,3}$	$S_{b,3,1}$	300	滚珠故障	0.007
	$S_{b,3,2}$	300	滚珠故障	0.014
	$S_{b,3,3}$	300	滚珠故障	0.021

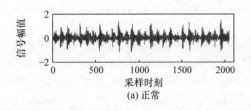

(a) 正常

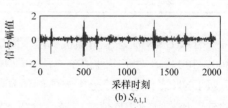

(b) $S_{b,1,1}$

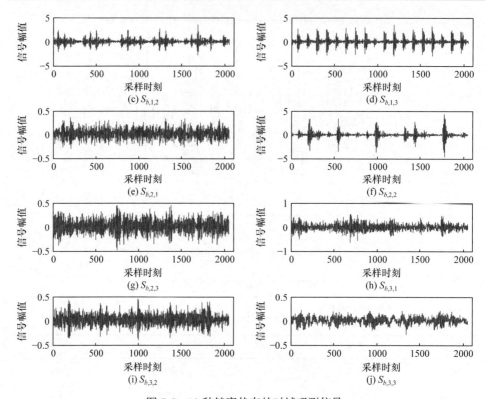

图 7-5　10 种健康状态的时域观测信号

7.4.3　故障诊断结果

将本章提出的分级 DNN 方法应用于轴承故障诊断，分级 DNN 模型参数如表 7-3 所示。

表 7-3　分级 DNN 模型参数

参数	DNN_1	$DNN_{2,b}$	$DNN_{3,b,c}$
隐藏层个数	5	4	3
各隐藏层神经元个数	512/400/300/200/100	512/400/200/100	512/256/100
最大 Epoch 次数	500	300	300

分级 DNN 训练采用随机梯度下降法,每层级 DNN 最大迭代次数分别为 500、300、300 次。对于三种传统方法，即 BP 神经网络、SVM 和 DNN 的仿真结果与分级 DNN 多模态故障分类方法的仿真结果进行比较，以验证提出方法的有效性。此外，还将分级 BP 神经网络、分级 SVM 与分级 DNN 进行比较。BP 神经网络采用梯度下降法对权值和偏置参数进行更新，采用一对一训练机制训练以径向基

为核函数的 SVM。分级 BP 神经网络和分级 SVM 的训练机制与分级 DNN 相同。

分级 DNN 多模态故障诊断的精确性取决于故障特征抽取的精确性。为了验证分级 DNN 特征提取方法的有效性,图 7-6～图 7-12 是 DNN 所抽取特征的三维可视化呈现,其中特征降维通过主元分析实现。根据表 7-3 所列的 DNN 参数,最后一个隐藏层的神经元个数为 100,即特征维数为 100,但是这个数值太大,不能实现可视化操作。对 100 维特征数据做 PCA,取其前 3 个关键主元实现特征降维。

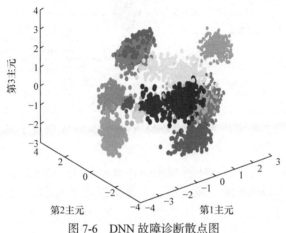

图 7-6　DNN 故障诊断散点图

图 7-6 表示使用 DNN 方法直接进行故障诊断的结果,一共有 10 种故障类型。可以看出,DNN 方法基本能够做到对所有故障进行分类,但是也存在部分重叠。如图 7-7 所示,BP 神经网络能够对部分故障进行分类,有几种故障存在重叠的现象。

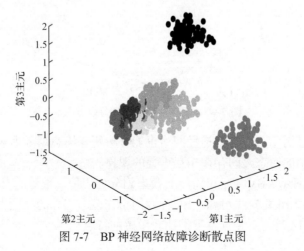

图 7-7　BP 神经网络故障诊断散点图

图 7-8 所示为 SVM 故障诊断散点图。同 BP 神经网络一样，有些故障几乎完全无法区分。

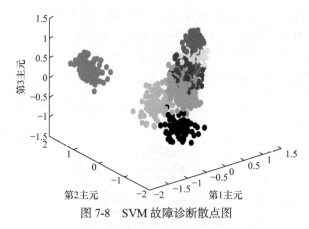

图 7-8　SVM 故障诊断散点图

由图 7-6～图 7-8 可以看出，DNN 模型分类的效果优于其他两种浅层学习方法。

如图 7-9 所示，分级 DNN 模型能够将所有的模态划分为 4 种模态，且各个模态之间不存在重叠的现象。这说明，本章提出的分级 DNN 模型在模态划分问题上是有效的。

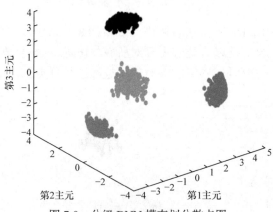

图 7-9　分级 DNN 模态划分散点图

如图 7-10 所示，分级 BP 神经网络也能够将所有模态划分为 4 种，但是模态划分不彻底，不同模态之间存在相互重叠的现象。

如图 7-11 所示，SVM 也可将所有模态划分为 4 种，重叠的点也比较多。

比较图 7-10 和图 7-11 可知，BP 神经网络在模态划分的问题上要优于 SVM，这也印证了 SVM 具有对小样本数据比较敏感的特点。

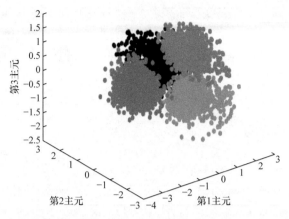

图 7-10　分级 BP 神经网络模态划分散点图

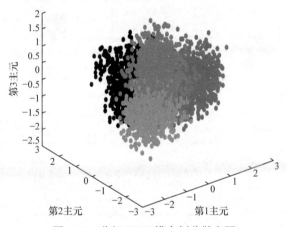

图 7-11　分级 SVM 模态划分散点图

　　比较图 7-9～图 7-11，分级 DNN、分级 BP 神经网络和分级 SVM 三种方法都能实现对模态的划分，但是由划分效果可知，分级 DNN 对模态划分的效果更好。

　　比较分级 DNN、分级 BP 神经网络和分级 SVM 三种方法故障诊断效果，给定模态故障特征关键主元散点图如图 7-12 所示。

　　由图 7-12 可以看出，使用分级 DNN 模型能够很好地对任一模态下的故障进行分类。由此可以验证，本章提出的分级 DNN 模型对多模态过程的故障诊断是十分有效的。

　　进一步，为了甄别故障严重程度，构建第三层级 DNN 故障严重程度识别模型，实现对给定故障严重程度的识别。图 7-13～图 7-15 所示为模态 1 中三种故障严重程度识别散点图，每一种故障包含三种故障尺寸。

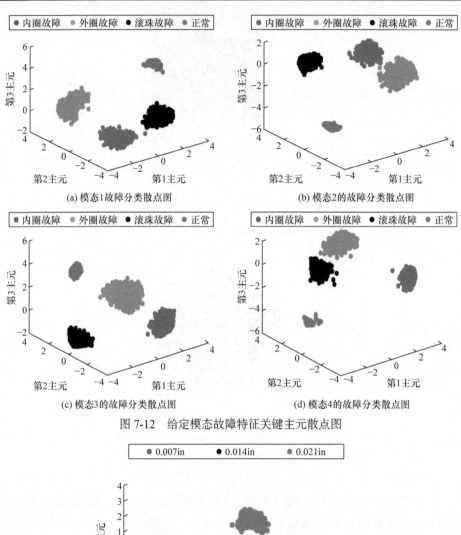

(a) 模态1故障分类散点图

(b) 模态2的故障分类散点图

(c) 模态3的故障分类散点图

(d) 模态4的故障分类散点图

图 7-12　给定模态故障特征关键主元散点图

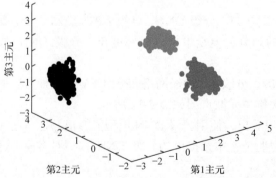

图 7-13　模态 1 内圈故障严重程度识别散点图

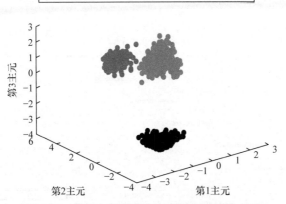

图 7-14　模态 1 外圈故障严重程度识别散点图

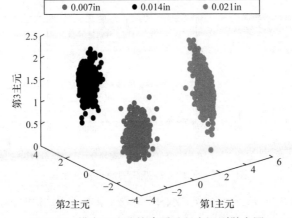

图 7-15　模态 1 滚珠故障严重程度识别散点图

由图 7-13~图 7-15 可知，使用分级 DNN 方法能够对特定的故障进行精确的故障严重程度识别，为设备的预测维护提供决策依据。

为了进一步验证分级 DNN 方法的多模态故障诊断性能，图 7-16 给出了传统 DNN 直接进行故障诊断的结果。图 7-17 所示为三种分级方法对模态划分的结果。

在图 7-16 中，标签 1~10 表示 10 种不同的健康状况，多模态故障诊断结果存在大量的误分，因此将多模态过程看成统一的整体进行故障诊断效果并不十分理想。这对多模态过程进行模态划分是十分必要的。

由图 7-17 可知，三种分级方法的模态划分中，标签 1~4 分别表示模态 1~模态 4，分级 DNN 模态划分效果最好，BP 神经网络的方法要好于 SVM，这也验证 DNN 的学习能力强于 BP 神经网络和 SVM 等浅层学习方法，SVM 对小样本比较敏感。

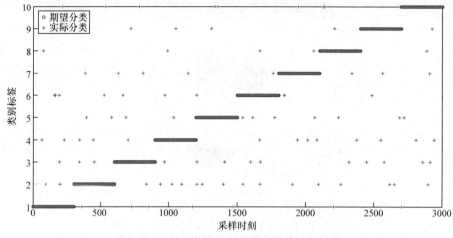

图 7-16　DNN 直接进行多模态故障诊断结果

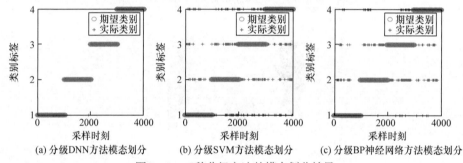

(a) 分级DNN方法模态划分　　(b) 分级SVM方法模态划分　　(c) 分级BP神经网络方法模态划分

图 7-17　三种分级方法的模态划分结果

　　图 7-18～图 7-20 所示为分级 DNN、分级 BP 神经网络和分级 SVM 对模态 1 进行故障诊断的结果。

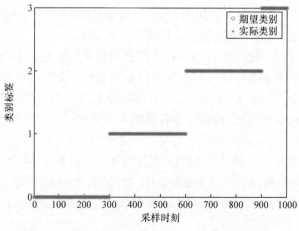

图 7-18　分级 DNN 对模态 1 进行故障诊断的结果

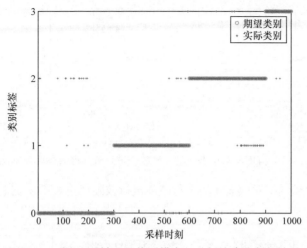

图 7-19　分级 BP 神经网络对模态 1 进行故障诊断的结果

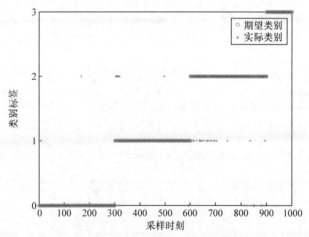

图 7-20　分级 SVM 对模态 1 进行故障诊断的结果

　　在图 7-18~图 7-20 中，标签 0~3 分别表示内圈故障、外圈故障、滚珠故障和正常四种情况。可以看出，分级 DNN 对模态 1 进行故障诊断时存在少量的误诊，分级 BP 神经网络和分级 SVM 则存在较多的误诊和漏诊。

　　图 7-21 所示为分级 DNN 对模态 1 的 3 种故障进行故障严重程度识别的结果。

　　在图 7-21 中，标签 1~3 分别表示轴承的三种故障尺寸。可以看出，对于一个给定的模态，分级 DNN 能够将不同的故障严重程度进行准确的识别。

　　结合图 7-18~图 7-21 可以看出，分级 DNN 不但能够对模态精确划分，而且能够对不同模态进行精确的故障诊断。最重要的是还能对故障严重程度进行精确地识别。

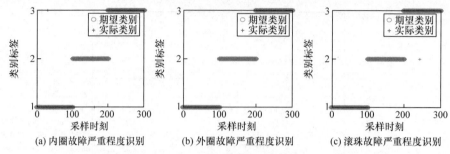

(a) 内圈故障严重程度识别　　(b) 外圈故障严重程度识别　　(c) 滚珠故障严重程度识别

图 7-21　分级 DNN 对模态 1 的 3 种故障进行故障严重程度识别的结果

分级 BP 神经网络对模态 1 的 3 种故障进行故障严重程度识别的结果如图 7-22 所示。

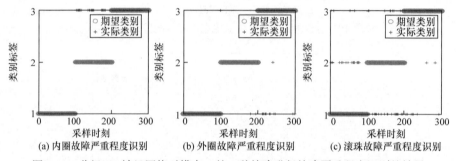

(a) 内圈故障严重程度识别　　(b) 外圈故障严重程度识别　　(c) 滚珠故障严重程度识别

图 7-22　分级 BP 神经网络对模态 1 的 3 种故障进行故障严重程度识别的结果

分级 SVM 对模态 1 的 3 种故障进行故障严重程度识别的结果如图 7-23 所示。

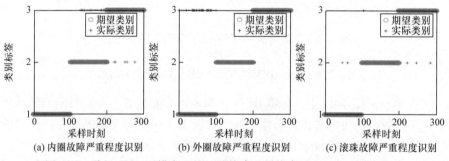

(a) 内圈故障严重程度识别　　(b) 外圈故障严重程度识别　　(c) 滚珠故障严重程度识别

图 7-23　分级 SVM 对模态 1 的 3 种故障进行故障严重程度识别的结果

由图 7-17～图 7-23 可以看出，分级 SVM 和分级 BP 神经网络对轴承故障严重程度识别上存在较多的误分。由于 SVM 对小样本数据比较敏感，因此图 7-23 的故障严重程度识别结果要优于图 7-22 的。

对比图 7-21～图 7-23，分级 DNN 在给定模态故障严重程度识别的问题上要好于其他两种分级学习方法。

综上所述，分级 DNN 在模态划分、故障诊断和故障严重程度识别上都优于分级 BP 神经网络和分级 SVM，验证了基于分级 DNN 多模态故障诊断方法的有效性。模态划分后故障严重程度诊断结果对比如表 7-4 所示。

表 7-4 模态划分后故障严重程度诊断结果对比

方法	故障诊断结果/%	故障严重程度识别结果/%
分级 DNN	99.79	99.52
DNN	97.06	96.38
分级 SVM	82.82	77.00
SVM	65.74	58.40
分级 BP 神经网络	81.28	71.68
BP 神经网络	68.11	62.42

从表 7-4 的第 2 行和第 3 行可以看出，不管是用于故障源定位，还是用于故障严重性识别，分级 DNN 都可以获得更准确的诊断效果。通过和 SVM、分级 SVM、BP 神经网络、分级 BP 神经网络故障诊断结果比较，表明模态划分在多模态故障诊断中是十分关键的一个步骤。

比较表 7-4 可以看出，分级 DNN 的诊断结果明显优于其他两种分级模型，并且分级模型的故障诊断结果要好于传统的模型。分级 DNN 诊断结果好于分级 BP 神经网络和分级 SVM，且分级 DNN 诊断结果好于 DNN，分级 BP 神经网络诊断结果好于 BP 神经网络，分级 SVM 诊断结果好于 SVM。

表 7-5 所示为三种分级方法进行模态划分的准确率。

表 7-5 模态划分的准确率

方法	模态划分/%
分级 DNN	99.96
分级 BP 神经网络	90.45
分级 SVM	89.73

可以看出，提出的分级 DNN 方法的模态划分准确率达到 99.96%，对比表中三种分级方法模态划分的结果可以得出分级 DNN 在模态划分过程中的性能明显优于分级 BP 神经网络和分级 SVM。

综上所述，本章提出的多模态诊断方法能够基于其强大的非线性表征能力准确地将多模态过程划分为多个单一模态，精准地进行多模态故障诊断，而且能够辨别各故障的严重程度，为故障预测维护决策提供参考信息。

7.5 本 章 小 结

本章提出一种基于分级 DNN 的多模态故障诊断方法。其主要思想是构建一个分级 DNN 模型，其中第一层级实现模态划分，第二层级提取不同模态的特征并实现精确故障诊断，最后一层级 DNN 的设计是在给定的模态下区分某一故障的严重程度，这对设备的故障预测维护是有很大帮助的。滚动轴承实验平台实验结果分析表明，本章提出的分级 DNN 方法能够成功地进行多模态故障诊断。

参 考 文 献

[1] Zhou F N, Gao Y L, Wen C L. A novel multi-mode fault diagnosis method based on deep learning. Journal of Control Science and Engineering, 2017, 4: 3583610.

[2] 高育林. 基于深度学习的故障诊断及剩余寿命预测. 开封: 河南大学, 2018.

第 8 章　基于全局优化 GAN 的非均衡数据故障诊断方法

8.1　引　　言

精确进行早期故障诊断是设备故障预测维护问题的关键。本章重点研究数据不均衡条件下进行精确故障诊断的问题。

随着传感器技术的发展，工业现场中普遍安装各种类型的传感器对关键设备的健康状态进行感知。但是这些数据大部分都是设备正常运行的历史数据，早期缓变故障的数据和一些引起致命性事故的故障数据通常比较少[1-4]。这就导致故障数据的不均衡现象，但是进行故障诊断建模时，往往需要各种类型大量的故障数据供模型学习故障特征，从而有效进行故障诊断。在这种数据不均衡的情况下，使用传统的分类方法进行故障检测和故障诊断时，具有较大样本量的正常数据诊断结果非常精确，而对应样本量少的故障数据诊断结果往往非常差。为了提高在数据不均衡情况下故障诊断的精度，本章研究一种基于全局优化生成对抗网络的深度学习故障诊断方法。首先，将生成器设计为生成故障样本的特征，同时为了充分利用有限不均衡故障样本中的有用信息，将原始故障数据的特征用来指导生成器的训练。然后，把故障诊断模型设计为 GAN 的一个额外的判别器，故障诊断误差同样用来指导生成器训练。在训练过程中，生成器、故障诊断判别器、GAN 的真实性判别器三者交替优化，实现全局优化，从而提高不均衡数据下故障诊断的精度。

8.2　基于全局优化 GAN 的非均衡数据故障诊断

在实际工业过程中，大多数情况下的机电设备是在正常条件下运行的。故障数据的缺乏会导致机械设备健康状态数据集的不均衡。当数据集不均衡时，很难基于传统的深度学习方法构造准确的故障分类器。本章将 DNN 强大的特征提取能力与 GAN 的数据生成能力相结合来解决此问题。基于全局优化 GAN 的非均衡数据故障诊断方法框图如图 8-1 所示。

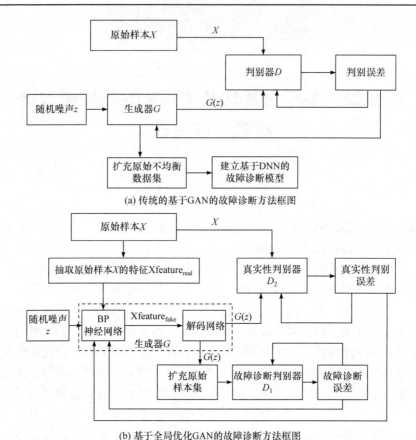

(a) 传统的基于GAN的故障诊断方法框图

(b) 基于全局优化GAN的故障诊断方法框图

图 8-1　基于全局优化 GAN 的非均衡数据故障诊断方法框图

8.2.1　生成器设计

为了充分利用不均衡类故障样本的有用信息，首先考虑设计生成器网络来生成不均衡类故障的特征，并利用原始不均衡类的故障特征指导生成器的训练。然后将生成的特征解码，获得生成的样本。具体过程如下。

首先，使用一个服从高斯分布的随机向量 Z 作为生成器的输入，生成故障特征 $\mathrm{Xfeature}_{\mathrm{fake}}$，即

$$h_z = f_{\theta_{G1}}(Z) = \sigma_1(W_{G1}Z + b_{G1}) \tag{8.2.1}$$

$$\mathrm{Xfeature}_{\mathrm{fake}} = f_{\theta_{G2}}(h_z) = \sigma_1(W_{G2}h_z + b_{G2}) \tag{8.2.2}$$

其中，$\theta_{G1} = \{W_{G1}, b_{G1}\}$、$\theta_{G2} = \{W_{G2}, b_{G2}\}$ 连接输入层和隐藏层、隐藏层和输出层的网络参数；W_{G1} 和 W_{G2} 为网络权重矩阵；b_{G1} 和 b_{G2} 为偏置向量；σ_1 为双曲正切激活函数。

然后，为了获得生成的样本 X_{fake}，需要对生成的故障特征 $\mathrm{Xfeature}_{\mathrm{fake}}$ 进行解码。

从简化计算的角度考虑，本章使用自动编码器的解码网络对故障特征 $\text{Xfeature}_{\text{fake}}$ 进行解码。因此，需要使用原始不均衡类的故障样本 X_{real} 训练自动编码器模型，即

$$\text{Xfeature}_{\text{real}} = f_{\theta_{\text{AE}}}(X_{\text{real}}) = \sigma_1(W_{\text{AE}} X_{\text{real}} + b_{\text{AE}}) \tag{8.2.3}$$

$$\hat{X}_{\text{real}} = g_{\theta_{\text{AE}}^{\text{T}}}(\text{Xfeature}_{\text{real}}) = \sigma_1(W_{\text{AE}}^{\text{T}} \text{Xfeature}_{\text{real}} + b_{\text{AE}}^{\text{T}}) \tag{8.2.4}$$

其中，$\text{Xfeature}_{\text{real}}$ 为原始的不均衡类的故障样本 X_{real} 的特征；$\theta_{\text{AE}} = \{W_{\text{AE}}, b_{\text{AE}}\}$ 为编码网络的参数；$\theta_{\text{AE}}^{\text{T}} = \{W_{\text{AE}}^{\text{T}}, b_{\text{AE}}^{\text{T}}\}$ 为解码网络的参数。

最后，通过自动编码器的解码网络对生成器生成的故障特征 $\text{Xfeature}_{\text{fake}}$ 进行解码，得到生成的故障样本 X_{fake}，即

$$X_{\text{fake}} = g_{\theta_{\text{AE}}^{\text{T}}}(\text{Xfeature}_{\text{fake}}) = \sigma_1(W_{\text{AE}}^{\text{T}} \text{Xfeature}_{\text{fake}} + b_{\text{AE}}^{\text{T}}) \tag{8.2.5}$$

上述过程描述了设计生成器的生成故障样本的过程。对于传统的 GAN 而言，生成器参数的优化是通过最小化式(2.8.7)所示的代价函数实现的。通过优化生成器的参数确保原始样本和生成样本的分布一致性。为了生成更多有助于故障诊断的高质量故障样本，本章利用基于 DNN 的故障诊断判别器的故障诊断误差和原始不均衡类的故障特征来指导生成器的训练。通过最小化式(8.2.6)中定义的新损失函数，优化生成器的网络参数，即

$$L_G = L_g + L_{\text{feature-error}} + L_{\text{fault-error}}$$

$$= -\frac{1}{J}\sum_{J=1}^{J}\log d_{\text{fake}} + \frac{1}{K}\|\text{Xfeature}_{\text{real}} - \text{Xfeature}_{\text{fake}}\|^2 + L_{\text{fault-error}} \tag{8.2.6}$$

其中，L_g 为原始 GAN 的生成器损失函数；$L_{\text{feature-error}}$ 为特征误差损失函数；$L_{\text{fault-error}}$ 为故障诊断判别器的故障诊断误差损失函数；J 为生成器生成的故障样本数；K 为不均衡类故障样本数。

在新损失函数 L_G 中，L_g 可以指导生成器学习原始样本的分布，$L_{\text{feature-error}}$ 可以帮助生成器生成的样本尽可能地接近原始样本的幅度，$L_{\text{fault-error}}$ 可以使生成器生成的样本更加有利于提高故障诊断的精度。由于将 $L_{\text{feature-error}}$ 和 $L_{\text{fault-error}}$ 增加到生成器损失函数设计中，生成器可以生成对故障诊断更有帮助的样本。

8.2.2　判别器设计

本章为 GAN 设计新的判别器架构。该架构由故障诊断判别器 D_1 和真实性判别器 D_2 组成。故障诊断判别器用来对样本进行故障诊断，真实性判别器用来鉴别生成样本与原始样本分布的一致性。具体的构建过程包括以下两步。

步骤 1，建立基于 DNN 的故障诊断判别器 D_1。

给定一个不均衡数据集 X，即

$$X = [X_{\text{normal}}, X_{\text{real}}] \tag{8.2.7}$$

其中，X_{normal} 为大量样本的故障类别组成的样本集合；X_{real} 代表样本量较小的故障类别组成的样本集合。

利用不均衡样本集 X 建立的基于 DNN 的故障诊断判别器为

$$\text{Net}_{D1} = \text{Feedforward}(\theta_1, \theta_2, \cdots, \theta_N; n_1, n_2, \cdots, n_N; X) \tag{8.2.8}$$

其中，N 为 DNN 的层数；$n_1, n_2, \cdots, n_N$ 为 DNN 各隐藏层神经元的数量；$\theta_1 = \{W_1, b_1\}, \theta_2 = \{W_2, b_2\}, \cdots, \theta_N = \{W_N, b_N\}$ 为 DNN 各层的网络参数。

通过堆叠自动编码器构建的 DNN 用于从不均衡数据集中提取特征。DNN 逐层提取特征的过程可以表示为

$$H_N = \sigma(W_N \cdots (\sigma(W_2(\sigma(W_1 X + b_1) + b_2)) + \cdots + b_N)) \tag{8.2.9}$$

然后，将 H_N 作为输入数据，训练 Softmax 分类器。完成训练后的 Softmax 分类器即可实现对故障类别的识别。使用少量带标签的数据，可以通过使用梯度下降算法调整深度神经网络的网络参数。更新过程为

$$\Theta = \Theta - \alpha_1 \frac{\partial L_{\text{fault-error}}(\Theta)}{\partial \Theta} \tag{8.2.10}$$

其中，$L_{\text{fault-error}}$ 为故障诊断判别器的损失函数；$\Theta = \{\theta_1, \theta_2, \cdots, \theta_N, \theta_{N+1}\}$ 为故障诊断判别器的网络参数，θ_{N+1} 为 Softmax 分类器的参数；α_1 为故障诊断判别器参数微调过程的学习率。

步骤 2，建立真实性判别器 D_2。

真实性判别器 D_2 用于区分输入该判别模型的是实际的原始样本，还是生成器生成的样本。真实性判别器是一个三层的 BP 神经网络，包括输入层、隐藏层和输出层，即

$$\text{Net}_{D2} = \text{newff}([X_{\text{real}}, X_{\text{fake}}], [\text{label}_{X_{\text{real}}}, \text{label}_{X_{\text{fake}}}], [n_{D1}, n_{D2}, n_{D3}]) \tag{8.2.11}$$

其中，$[X_{\text{real}}, X_{\text{fake}}]$ 为真实的原始样本和生成器生成的样本构建的真实性判别器的输入集合；$[\text{label}_{X_{\text{real}}}, \text{label}_{X_{\text{fake}}}]$ 为对应的真实性标签；$[n_{D1}, n_{D2}, n_{D3}]$ 为真实性判别器 D_2 各层神经元的个数。

应该注意的是，输出层只有一个神经元。利用式(8.2.4)和式(8.2.5)获得的真实性判别器对原始数据和生成器生成的数据的判别结果分别为 d_{real} 和 d_{fake}。最后使用最小化损失函数优化真实性判别器 D_2 的网络参数。

本章设计的基于全局优化 GAN 的故障诊断模型由一个生成器和两个判别器构成。上述两节简述了其构建过程，网络结构如图 8-2 所示。

8.2.3　交替训练机制

通过使用交替优化生成器和两个判别器的对抗训练机制，可以避免传统的两

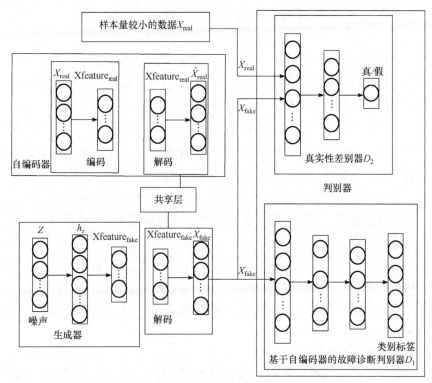

图 8-2　全局优化 GAN 的网络结构图

阶段方法分别训练 GAN 和 DNN 故障诊断模型的不足。其思想大致如下，首先固定生成器 G 的网络参数，并优化真实性判别器 D_2 的判别能力。然后，使用原始的不均衡数据集建立一个基于 DNN 的故障诊断判别器 D_1。DNN 故障诊断模型可以通过经扩充后均衡的数据集进行更新，从而获得较小的故障诊断误差。最后，固定真实性判别器 D_2 的参数，并通过最小化式(8.2.6)对生成器进行优化，使产生的样本更适合故障诊断。一旦判别器 D_1、D_2 和生成器 G 达到纳什均衡，就完成了全局优化。由于本章提出的全局优化 GAN 可以生成更多高质量的样本，因此可以显著提高基于 DNN 的故障诊断判别器的诊断结果。

在本章提出的基于全局优化 GAN 的非均衡数据故障诊断模型在第 s 次迭代中，具体执行如下运算。

步骤 1，训练真实性判别器 D_2。

将原始不均衡类故障样本 X_{real} 和第 s 次迭代中生成器生成的样本 $X_{\text{fake}}(s)$ 用作真实性判别器 D_2 的输入，并使用式(8.2.3)设置真实性标签。通过最小化式(8.2.6)优化真实性判别器 D_2 的网络参数，即

$$\text{Net}_{D2}(s) = \text{train}(\text{Net}_{D2}(s-1), X_{\text{real}}, X_{\text{fake}}(s), L_d) \tag{8.2.12}$$

其中，$\text{Net}_{D2}(s)$ 为第 s 次迭代训练后的真实性判别器 D_2 网络；$\text{Net}_{D2}(s-1)$ 为第

$s-1$ 次迭代训练后的真实性判别器 D_2 网络；L_d 为损失函数。

步骤 2，扩充不均衡类别的故障样本。

在第 s 次迭代训练的过程中，使用全局优化 GAN 的生成器生成与样本数量较少的故障类别相对应的故障样本 $X_G(s)$。使用 $X_G(s)$ 扩充原始不平衡数据集 X 并设置相应的故障类别标签，即

$$\hat{X}(s) = [X, X_G(s)] \tag{8.2.13}$$

其中，$\hat{X}(s)$ 为扩充后各种故障样本量均衡的样本集合；X 为原始不平衡样本集合。

步骤 3，训练基于 DNN 的故障诊断判别器 D_1。

将扩充后均衡的数据集 $\hat{X}(s)$ 用作训练基于 DNN 的故障诊断判别器时，D_1 的输入。在训练过程中，基于 DNN 的故障诊断判别器的网络参数会逐步更新，以提高故障诊断能力，即

$$\text{Net}_{D1}(s) = \text{train}(\text{Net}_{D1}(s-1), \hat{X}(s), L_{\text{fault-error}}) \tag{8.2.14}$$

其中，$\text{Net}_{D1}(s)$ 为经过第 s 次迭代训练后的故障诊断判别器 D_1 网络；$\text{Net}_{D1}(s-1)$ 为第 $s-1$ 次迭代训练后的故障诊断判别器 D_1 网络；$L_{\text{fault-error}}$ 为故障诊断判别器 D_1 的损失函数。

步骤 4，训练生成器。

在第 s 次迭代训练的过程中，生成器生成的样本 $X_{\text{fake}}(s)$ 和 $X_G(s)$ 分别用作真实性判别器 D_2 的输入和故障诊断判别器 D_1 输入集合 $\hat{X}(s)$ 的扩充样本，进而获得真实性判别损失和故障诊断损失。式(8.2.6)给出了新的生成器损失函数，通过最小化该损失函数来优化生成器的网络参数，提高生成器生成高质量故障样本的能力。生成器的训练训练过程为

$$\text{Net}_G(s) = \text{train}(\text{Net}_G(s-1), Z(s), L_G) \tag{8.2.15}$$

其中，$\text{Net}_G(s)$ 为第 s 次迭代训练后的生成器网络；$\text{Net}_G(s-1)$ 为第 $s-1$ 次迭代训练后的生成器网络；$Z(s)$ 为第 s 次迭代时生成器的输入；L_G 为生成器的损失函数。

在每次迭代中，四个步骤交替执行。在训练期间，分别记录每次迭代期间生成器的损失值 $L_G(s)$ 和真实性判别器 D_2 的损失值 $L_d(s)$，其中 s 代表迭代次数。当满足如式(8.2.16)所示的条件时，认为训练达到纳什平衡，然后停止训练，即

$$\begin{cases} |L_G(s) - L_G(i)| \leqslant 10^{-4} \\ |L_d(s) - L_d(i)| \leqslant 10^{-4} \end{cases}, \quad i = s-1, s-2, \cdots, s-10 \tag{8.2.16}$$

其中，$L_G(s)$ 和 $L_d(s)$ 可由式(8.2.6)确定。

当达到纳什均衡时，基于全局优化的 GAN 训练完成。此时，生成器可以生成高质量的故障样本，基于 DNN 的故障诊断判别器 D_1 也可以获得高精度的故障诊断结果。本章所提方法的具体流程如图 8-3 所示。

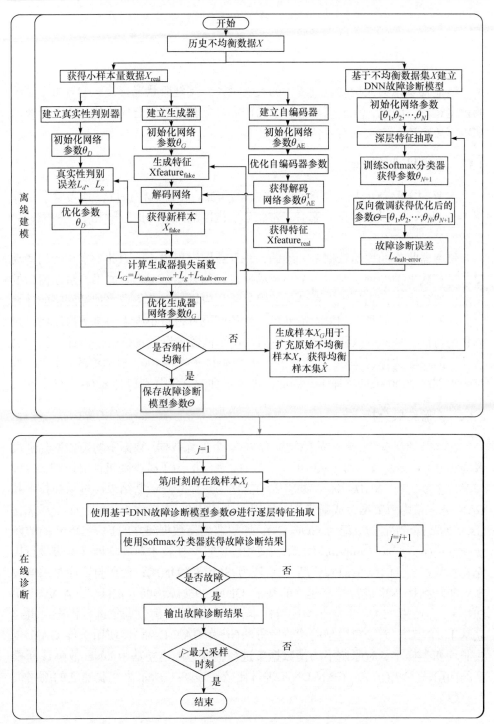

图 8-3 基于全局优化 GAN 的非均衡数据故障诊断方法流程图

8.3　实验与分析

滚动轴承作为大型制造过程中的关键设备，其健康状况直接影响着整个系统的稳定运行。因此，本节以滚动轴承为研究对象验证基于全局优化 GAN 的非均衡数据故障诊断方法的有效性。

8.3.1　数据描述与处理

本节的实验数据从美国凯斯西储大学的轴承数据中心获得，其实验平台如图 5-17 所示[3]。轴承健康状态有正常状态、内圈故障、外圈故障和滚珠故障，分类标器分别记为 0、1、2 和 3。

传感器收集的振动数据是一维的，并且数据序列很长。因此，本章使用滑动窗口进行数据预处理。对于每个小滑动窗口，都有一个样本。如果将滑动窗口的长度设置得太大，则输入层神经元的数量将相应增加。这将导致神经网络的计算时间急剧增加。但是，如果将滑动窗口的长度设置得过小则无法覆盖振动信号足够长的特征，从而导致样本混乱，并且会降低故障诊断的准确性。因此，我们将滑动框的长度选择为 400，这意味着每个样本的维数为 400。滑动框的步长为 20。每个类别取 2000 个训练样本。因此，训练集和测试集分别包含 8000 个样本。

8.3.2　实验结果分析

在本节的实验中，每个故障类别有 2000 个训练数据。数据不均衡比率分别设置为 100 : 1、50 : 1、20 : 1、10 : 1、5 : 1、2 : 1。为了减少随机性的影响，每种情况均重复进行 20 次实验，并将平均值作为最终故障诊断结果。过采样技术和 GAN 是为非均衡数据生成新样本的常用方法。因此，本节将提出的基于全局优化 GAN 的故障诊断方法(记为 GOGAN)；原始非均衡数据建立的基于 DNN 的故障诊断方法(记为 No Sampling-DNN)；使用随机过采样技术对非均衡样本集进行扩充建立的基于 DNN 的故障诊断方法(记为 SMOTE-DNN)；使用自适应过采样技术对非均衡样本集进行扩充建立的基于 DNN 的故障诊断方法(记为 ADASYN-DNN)；先使用 GAN 生成非均衡类样本，对原始不均衡数据集进行扩充，再建立基于 DNN 故障诊断模型的两阶段方法(记为 GAN-DNN)；使用条件 GAN 生成非均衡类样本，对原始不均衡数据集进行扩充，再建立基于 DNN 故障诊断模型的两阶段方法(记为 cGAN-DNN)进行比较。表 8-1 所示为实验建立的网络模型参数。

表 8-1 实验建立的网络模型参数

方法	训练参数	生成器参数	判别器参数	故障诊断模型参数
DNN	网络层数	—	—	6
	每层神经元个数	—	—	400/800/400/200/100/4
	学习率	—	—	0.01
	最大迭代次数	—	—	5000
GAN-DNN	网络层数	4	3	6
	每层神经元个数	50/100/200/400	400/100/1	400/800/400/200/100/4
	学习率	0.001	0.001	0.01
	最大迭代次数	5000	5000	5000
cGAN-DNN	网络层数	4	3	6
	每层神经元个数	54/100/200/400	404/100/1	400/800/400/200/100/4
	学习率	0.001	0.001	0.01
	最大迭代次数	5000	5000	5000
GOGAN	网络层数	4	3	6
	每层神经元个数	50/100/200/400	400/100/1	400/800/400/200/100/4
	学习率	0.001	0.001	0.01
	最大迭代次数	5000	5000	5000

如表 8-2～表 8-4 所示,第 8 列给出了各类故障样本均衡时的诊断精度。各表的第 2～7 列给出了数据不均衡比率为 10:1 时,某类故障仅包含 200 个样本的故障诊断精度。

表 8-2 不均衡比例为 10:1 时各种方法对内圈故障的诊断精度

指标	No Sampling-DNN/%	SMOTE-DNN/%	ADASYN-DNN/%	GAN-DNN/%	cGAN-DNN/%	GOGAN/%
正常	98.68	98.61	98.60	98.62	98.66	98.65
内圈故障	44.08	73.89	77.81	82.97	89.25	94.58
滚珠故障	98.24	98.20	98.26	98.32	98.25	98.28
外圈故障	98.45	98.43	98.42	98.48	98.44	98.46
总精度	84.86	92.28	93.27	94.60	96.15	97.49

表 8-3 不均衡比例为 10:1 时各种方法对滚珠故障的诊断精度

指标	No Sampling-DNN/%	SMOTE-DNN/%	ADASYN-DNN/%	GAN-DNN/%	cGAN-DNN/%	GOGAN/%
正常	98.70	98.66	98.63	98.68	98.65	98.69
内圈故障	98.45	98.40	98.47	98.42	98.44	98.48

续表

指标	No Sampling-DNN/%	SMOTE-DNN/%	ADASYN-DNN/%	GAN-DNN/%	cGAN-DNN/%	GOGAN/%
滚珠故障	50.32	80.28	84.91	89.57	92.48	96.85
外圈故障	98.50	98.41	98.43	98.44	98.46	98.48
总精度	86.49	93.94	95.11	96.28	97.01	98.13

表 8-4　不均衡比例为 10∶1 时各种方法对外圈故障的诊断精度

指标	No Sampling-DNN/%	SMOTE-DNN/%	ADASYN-DNN/%	GAN-DNN/%	cGAN-DNN/%	GOGAN/%
正常	98.65	98.62	98.63	98.64	98.60	98.66
内圈故障	98.44	98.47	98.46	98.45	98.46	98.48
滚珠故障	98.30	98.36	98.32	98.35	98.28	98.34
外圈故障	43.15	71.38	76.83	82.40	88.56	93.28
总精度	84.64	91.71	93.06	94.46	95.98	97.19

比较表 8-2～表 8-4 的第 2 列和第 7 列可以看出，这三种故障在不均衡比例为 10∶1 的情况下，基于 DNN 的故障诊断精度仅为 44.08%、50.32%、43.15%，GOGAN 可达到 94.58%、96.85%、93.28%。比较表 8-2～表 8-4 的第 3 列、第 4 列、第 7 列可以发现，GOGAN 的生成器性能明显优于 SMOTE-DNN 和 ADASYN-DNN。从各表第 5～7 列可以看出，与 GAN-DNN 和 cGAN-DNN 相比，GOGAN 的诊断精度可以提高至少 4 个百分点。

在不均衡比例为 10∶1 的情况下，图 8-4 显示了本章的方法与其他五种方法相比的诊断精度增量。从表 8-2～表 8-4 中的结果可得图 8-4 所示的故障诊断精度增量。可以清楚地看出，本章提出的故障诊断方法相比于其他五种诊断方法有明显的优势。

图 8-5～图 8-7 所示为在不均衡比为 10∶1 的实验场景下，各种方法对内圈故障、滚珠故障和外圈故障的诊断结果。可以看出，使用过采样技术增加不均衡类故障的样本量有助于提高该类故障的诊断精度，但是效果有限。相比于 SMOTE-DNN 而言，ADASYN-DNN 采样得到的样本更有助于故障诊断。GAN-DNN 可以有效地扩充不均衡类的故障数据，以提供基于深度学习的故障诊断方法所需的大量均衡数据。由于增加了条件的约束，cGAN 生成的样本比 GAN-DNN 生成的样本更有利于提高诊断精度。本章提出的 GOGAN 可以获得对不均衡类故障更好的诊断结果。

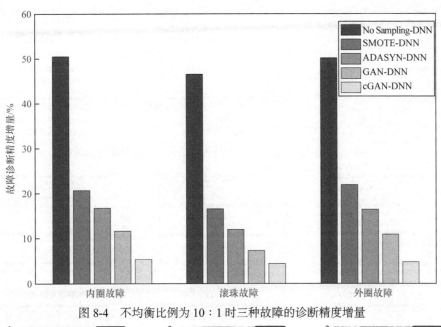

图 8-4 不均衡比例为 10 : 1 时三种故障的诊断精度增量

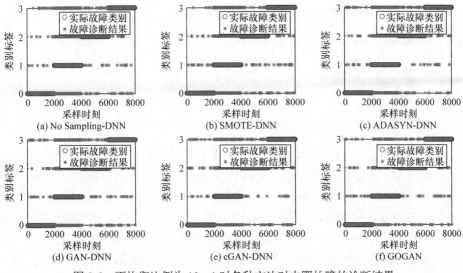

图 8-5 不均衡比例为 10 : 1 时各种方法对内圈故障的诊断结果

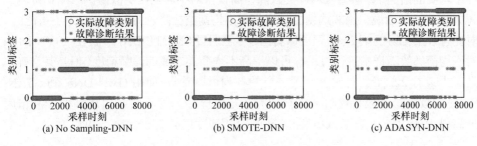

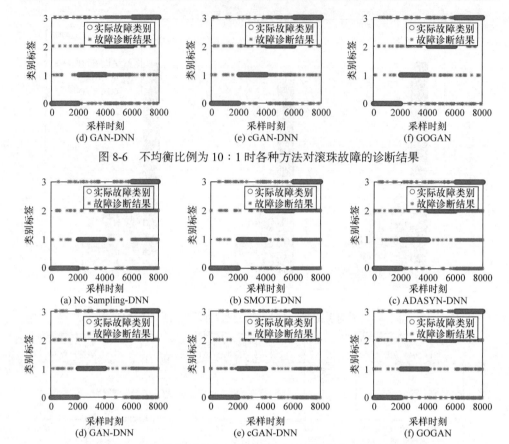

图 8-6　不均衡比例为 10∶1 时各种方法对滚珠故障的诊断结果

图 8-7　不均衡比例为 10∶1 时各种方法对外圈故障的诊断结果

为了进一步验证 GOGAN 的有效性，本节设置了不同不均衡比例的场景进行实验。表 8-5～表 8-7 分别列出了 No Sampling-DNN、SMOTE-DNN、ADASYN-DNN、GAN-DNN、cGAN-DNN 和 GOGAN 针对内圈故障、滚珠故障和外圈故障在不同的不均衡比例下相对应的故障诊断精度。可以看出，随着不均衡类故障数据样本量的增加，各种方法对不均衡类故障的诊断精度逐渐提高。这表明，基于深度学习的故障诊断方法的有效性取决于样本数量。从每个表的第二行可以看出，在极度不均衡的情况下，基于 DNN 的故障诊断模型对于非均衡类故障的诊断精度均低于 10%。换句话说，用非均衡的数据集对不均衡类故障进行分类几乎是不可能的。对比各表第二行的第 2～4 列可以看出，尽管通过 SMOTE-DNN 和 ADASYN-DNN 对不均衡类故障样本进行过采样可以提高不均衡类故障的诊断精度，但是其准确率最高也只有 22.14%。对比各表第二行的各列可以看出，使用 GAN-DNN 和 cGAN-DNN 的故障诊断效果比过采样技术有一定的优势。基于 GAN-DNN 的诊断精度最高仅为 25.25%。基于 cGAN-DNN 的诊断精度最高为 35.85%。可以看出，本章提出的 GOGAN 的诊断精度最高，可以达到 43.03%。从每张表的每一行还可以看出，在不同条件下，与其他五种方法相比，GOGAN 始终保持显著优势。

表 8-5　不同不均衡比例下各种方法对内圈故障的诊断精度

不均衡比例	No Sampling-DNN/%	SMOTE-DNN/%	ADASYN-DNN/%	GAN-DNN/%	cGAN-DNN/%	GOGAN/%
100∶1	7.60	16.24	19.58	22.73	32.50	49.75
50∶1	14.55	34.65	38.47	42.75	51.62	68.90
20∶1	27.80	55.21	59.37	63.80	72.42	84.50
10∶1	44.08	73.89	77.81	82.97	89.25	94.58
5∶1	70.80	85.42	88.79	91.50	94.50	98.64
2∶1	92.90	94.23	96.14	97.90	98.37	99.32

表 8-6　不同不均衡比例下各种方法对滚珠故障的诊断精度

不均衡比例	No Sampling-DNN/%	SMOTE-DNN/%	ADASYN-DNN/%	GAN-DNN/%	cGAN-DNN/%	GOGAN/%
100∶1	8.75	19.58	22.14	25.25	35.85	51.15
50∶1	18.80	38.73	41.55	45.65	54.46	72.95
20∶1	33.10	64.56	68.42	72.60	78.35	89.70
10∶1	50.32	80.28	84.91	89.57	92.48	96.85
5∶1	72.15	87.23	90.65	93.63	96.05	99.05
2∶1	93.63	95.53	97.08	98.90	99.20	99.50

表 8-7　不同不均衡比例下各种方法对外圈故障的诊断精度

不均衡比例	No Sampling-DNN/%	SMOTE-DNN/%	ADASYN-DNN/%	GAN-DNN/%	cGAN-DNN/%	GOGAN/%
100∶1	7.65	15.75	18.68	20.95	30.48	43.03
50∶1	13.88	33.47	37.69	41.70	49.35	66.85
20∶1	24.66	52.24	57.56	61.35	69.78	82.95
10∶1	43.15	71.38	76.83	82.40	88.56	93.28
5∶1	71.49	86.17	89.98	92.85	95.68	98.85
2∶1	93.60	95.21	96.88	97.79	98.50	99.15

为了便于比较 6 种方法的性能，图 8-8 给出了本章方法在不同情况下相对于其他五种方法对内圈故障、外圈故障和滚珠故障诊断精度的增量。可以看出，随着不均衡比例的降低，六种方法对不均衡类故障的诊断精度均有明显的提高。对

于不同的不均衡比例，本章提出的 GOGAN 对内圈故障、外圈故障和滚珠故障的诊断精度均优于其他五种故障诊断方法。特别是，当不均衡比例很高时，本章提出的 GOGAN 相对于其他五种方法具有较高的优先级。

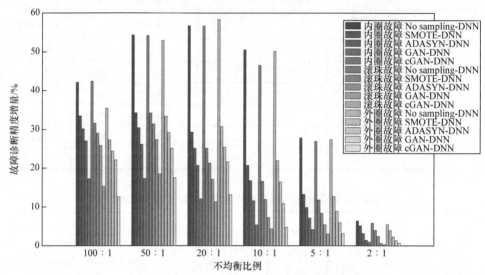

图 8-8　不同不均衡比例下三种故障的诊断精度增量

8.4　TE 过程数据实验分析

TE 过程是基于实际工业过程的过程控制案例，由美国伊士曼化学公司(Eastman Chemical Company)创建[4]。实验环境是基于真实工业过程的仿真。作为基准数据集，它已广泛用于故障诊断。本节使用 TE 过程的数据对 GOGAN 的非均衡数据故障诊断进行验证。

8.4.1　数据描述

TE 过程共有 41 个测量变量和 12 个控制变量。TE 过程包含 21 种故障类型，如表 8-8 所示。由于 TE 过程中存在许多类型的故障，因此选择 3 种故障和正常数据作为重点分析的实验数据，包括故障 1、故障 2 和故障 6。对于其他几种故障类型，给出在数据不均衡比例为 10：1 时六种方法对应的故障诊断精度。在本节实验中，每类训练数据包括 400 个样本，共使用 1200 个训练样本，并且测试样本的数量与训练样本的数量相同。

8.4.2　实验结果分析

为了验证方法在数据不均衡情况下的有效性，本节选择故障 1、故障 2 和故障 6 作为研究对象,并将它们设置为不均衡的故障类别。在本节的实验中,不均衡比例分别为 40:1、20:1、10:1、5:1、4:1 和 2:1。为了减少随机性的影响,在每种情况下重复进行 20 次实验,并将平均值作为最终故障诊断的精度。与8.3 节类似,本节同样与 No Sampling-DNN、SMOTE-DNN、ADASYN-DNN、GAN-DNN、cGAN-DNN 的诊断结果对比,验证本章方法的有效性。TE 过程 21 种故障类型如表 8-8 所示。

表 8-8　TE 过程 21 种故障类型[4]

故障编号	故障描述	故障类型
1	A/C 进料流量比变化,组分 B 含量保持不变	阶跃变化
2	组分 B 含量变化,A/C 进料流量比不变	阶跃变化
3	物料 D 的温度变化	阶跃变化
4	反应堆冷却水进口温度变化	阶跃变化
5	冷凝器冷却水进口温度变化	阶跃变化
6	A 进料损失	阶跃变化
7	物料 C 压力损失	阶跃变化
8	物料 A、B、C 的成分变化	随机变量
9	物料 D 的温度变化	随机变量
10	物料 C 的温度变化	随机变量
11	反应堆冷却水进口温度变化	随机变量
12	冷凝器冷却水进口温度变化	随机变量
13	反应动态变化	慢偏移
14	反应堆冷却水阀	粘住
15	冷凝器冷却水阀	粘住
16	未知故障	未知
17	未知故障	未知
18	未知故障	未知
19	未知故障	未知
20	未知故障	未知
21	流 4 阀门位置恒定	恒定位置

　　本节实验中各方法的模型网络参数如表 8-9 所示。表 8-10～表 8-12 所示为故障 1、故障 2 和故障 6 在不均衡比例为 10:1 时的故障诊断精度。可以看出,故

障 1、故障 2 和故障 6 在不均衡比例为 10∶1 的情况下，基于 DNN 的故障诊断精度仅为 48.35%、45.25%和 49.05%，GOGAN 的故障诊断方法可达到 85.52%、83.25%和 86.50%。比较第 3 列、第 4 列和第 7 列可以发现，GOGAN 的性能明显优于 SMOTE-DNN 和 ADASYN-DNN。从各表第 5～7 列可以看出，与 GAN-DNN 和 cGAN-DNN 相比，GOGAN 在保证其他类故障诊断效果的同时对不均衡类故障的诊断精度有较明显的提高。

表 8-9　本节实验中各方法的模型网络参数

方法	训练参数	生成器	判别器	故障诊断模型
DNN	网络层数	—	—	6
	每层神经元个数	—	—	52/200/400/200/100/4
	学习率	—	—	0.01
	最大迭代次数	—	—	5000
GAN-DNN	网络层数	4	3	6
	每层神经元个数	50/200/100/52	52/100/1	52/200/400/200/100/4
	学习率	0.001	0.001	0.01
	最大迭代次数	5000	5000	5000
cGAN-DNN	网络层数	4	3	6
	每层神经元个数	54/200/100/52	52/100/1	52/200/400/200/100/4
	学习率	0.001	0.001	0.01
	最大迭代次数	5000	5000	5000
GOGAN	网络层数	4	3	6
	每层神经元个数	50/200/100/52	52/100/1	52/200/400/200/100/4
	学习率	0.001	0.001	0.01
	最大迭代次数	5000	5000	5000

表 8-10　不均衡比例为 10∶1 时各种方法对故障 1 的诊断精度

指标	No Sampling-DNN/%	SMOTE-DNN/%	ADASYN-DNN/%	GAN-DNN/%	cGAN-DNN/%	GOGAN/%
正常	98.75	98.68	98.73	98.72	98.68	98.78
故障 1	48.35	60.53	69.22	75.15	81.50	85.52
故障 2	98.38	98.32	98.46	98.48	98.42	98.49
故障 6	98.42	98.44	98.43	98.55	98.46	98.45
总精度	85.98	88.99	91.21	92.73	94.26	95.31

表 8-11 不均衡比例为 10∶1 时各种方法对故障 2 的诊断精度

指标	No Sampling-DNN/%	SMOTE-DNN/%	ADASYN-DNN/%	GAN-DNN/%	cGAN-DNN/%	GOGAN/%
正常	98.72	98.71	98.69	98.68	98.62	98.75
故障 1	98.45	98.39	98.44	98.42	98.48	98.47
故障 2	45.25	58.75	67.42	72.35	79.85	83.25
故障 6	98.40	98.44	98.39	98.45	98.38	98.42
总精度	85.21	88.57	90.74	91.98	93.83	94.72

表 8-12 不均衡比例为 10∶1 时各种方法对故障 6 的诊断精度

指标	No Sampling-DNN/%	SMOTE-DNN/%	ADASYN-DNN/%	GAN-DNN/%	cGAN-DNN/%	GOGAN/%
正常	98.74	98.72	98.69	98.70	98.66	98.73
故障 1	98.50	98.48	98.55	98.55	98.52	98.75
故障 2	98.44	98.42	98.50	98.35	98.48	98.55
故障 6	49.05	62.96	71.16	76.15	82.65	86.50
总精度	86.18	89.65	91.73	92.94	94.58	95.63

如图 8-9 所示，图中的增量值从表 8-10～表 8-12 计算得出。从图 8-9 可以清楚地看到，GOGAN 相比其他五种方法有明显的优势。

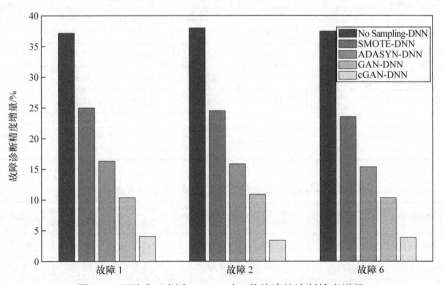

图 8-9 不均衡比例为 10∶1 时三种故障的诊断精度增量

表 8-13～表 8-15 所示为在不同不均衡条件下各种方法对故障 1、故障 2 和故障 6 的诊断精度。对比各表的第 2～4 列可以看出，使用 SMOTE-DNN 和 ADASYN-DNN 可以提高诊断精度，但是作用相对有限。对比各表第二行可以看出，在样本极度不均衡的情况下，使用 GAN-DNN 和 cGAN-DNN 的故障诊断效果相比过采样技术有一定的优势。基于 GAN-DNN 的最高诊断精度仅为 45.75%，而基于 cGAN-DNN 的诊断精度为 56.45%。同时，GOGAN 的故障诊断方法可以达到较高的精度。此外，在不同条件下，本章提出的 GOGAN 对提高诊断精度有良好的效果。

表 8-13　不同不均衡比例下各种方法对故障 1 的诊断精度

不均衡比例	No Sampling-DNN/%	SMOTE-DNN/%	ADASYN-DNN/%	GAN-DNN/%	cGAN-DNN/%	GOGAN/%
40∶1	13.50	32.45	38.67	43.50	52.24	62.50
20∶1	28.55	45.94	52.38	59.25	68.48	75.50
10∶1	48.35	60.53	69.22	75.15	81.50	85.52
5∶1	70.14	75.26	80.89	84.85	90.25	94.40
4∶1	83.75	86.63	90.75	93.40	95.67	97.50
2∶1	93.50	94.74	95.96	97.60	98.08	98.55

表 8-14　不同不均衡比例下各种方法对故障 2 的诊断精度

不均衡比例	No Sampling-DNN/%	SMOTE-DNN/%	ADASYN-DNN/%	GAN-DNN/%	cGAN-DNN/%	GOGAN/%
40∶1	13.75	32.87	37.56	43.25	53.05	63.75
20∶1	26.40	43.29	51.62	58.15	67.55	74.25
10∶1	45.25	58.75	67.42	72.35	79.85	83.25
5∶1	68.75	72.83	78.49	82.45	88.65	92.75
4∶1	82.35	85.67	89.36	92.55	95.15	96.05
2∶1	93.36	94.54	95.63	97.20	97.80	98.15

表 8-15　不同不均衡比例下各种方法对故障 6 的诊断精度

不均衡比例	No Sampling-DNN/%	SMOTE-DNN/%	ADASYN-DNN/%	GAN-DNN/%	cGAN-DNN/%	GOGAN/%
40∶1	14.25	33.29	39.97	45.75	56.45	65.25
20∶1	28.75	46.84	54.02	60.25	70.15	78.20
10∶1	49.05	62.96	71.16	76.15	82.65	86.50

续表

不均衡比例	No Sampling-DNN/%	SMOTE-DNN/%	ADASYN-DNN/%	GAN-DNN/%	cGAN-DNN/%	GOGAN/%
5 : 1	71.75	77.04	81.21	85.95	90.45	95.58
4 : 1	84.10	87.92	92.04	94.50	96.58	97.75
2 : 1	94.65	95.57	96.47	97.55	98.48	98.85

为了便于比较方法的性能,图 8-10 所示为不同不均衡比例下三种故障的诊断精度增量。图中的增量数据由表 8-13～表 8-15 计算得出。可以看出,在不同的不均衡比例下,GOGAN 均优于其他方法。随着不均衡类故障样本的增加,各类方法的诊断精度都有提高,GOGAN 相比于其他五种方法的诊断精度增量相应减小。当不均衡比例很高时,本章提出的方法相对于其他五种方法具有较大优势。

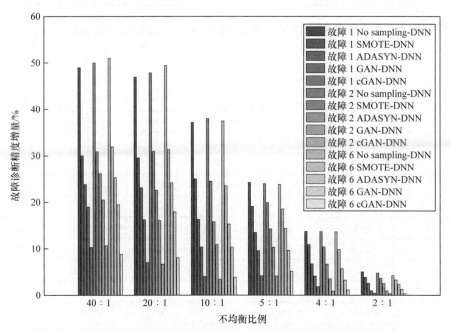

图 8-10 不同不均衡比例下三种故障的诊断精度增量

为了验证 GOGAN 对 TE 过程数据中其他各种故障类型的适用性和有效性,表 8-16 给出了 21 种故障在不均衡比例为 10 : 1 时几种方法的故障诊断精度。从表 8-16 的第二列可以看出,在故障样本不均衡的情况下,No sampling-DNN 对故障 3、9、15 和 19 的诊断精度都低于 20%。实际上,这些故障的异常信号具有与正常行为相应信号相似的统计特征。这也表明,这几种故障是相对较难诊断的。然而,GOGAN 的诊断精度却可以达到 50% 左右,这也说明 GOGAN 生成不均衡类样本的能力。从表 8-16 的各行可以看出，采用过采样技术或生成对抗网络对不均衡类的故障进行样本扩充时，可以提高诊断精度，但是提升有限。这也表明，No sampling-DNN 性能的好坏取决于训练样本的数量和质量。对于 TE 过程的 21 种故障，GOGAN 相对其他五种方法的诊断精度均有明显地提升。这也表明，GOGAN 可以生成质量更高，更有利于故障诊断的样本。

表 8-16　不平衡比例为 10∶1 时不同方法对 21 种故障的诊断精度

故障编号	No Sampling-DNN/%	SMOTE-DNN/%	ADASYN-DNN/%	GAN-DNN/%	cGAN-DNN/%	GOGAN-DNN/%
1	48.35	60.53	69.22	75.15	81.50	85.52
2	45.25	58.75	67.42	72.35	79.85	83.25
3	18.46	27.35	32.59	40.21	46.43	50.82
4	26.75	37.41	43.18	48.75	52.92	58.48
5	22.05	30.09	36.75	42.75	48.58	53.52
6	49.05	62.96	71.16	76.15	82.65	86.50
7	48.59	61.24	70.48	75.22	81.34	85.76
8	44.32	56.29	66.47	71.85	79.02	82.94
9	17.18	25.73	30.62	38.94	45.14	49.66
10	24.65	34.78	40.37	46.61	50.42	56.83
11	24.53	33.29	39.62	44.58	50.12	55.62
12	44.72	55.14	64.73	71.42	77.98	82.75
13	41.35	52.67	60.49	67.56	75.51	80.19
14	46.53	59.28	68.35	74.48	80.24	84.76
15	18.58	26.82	32.15	39.75	45.92	50.25
16	22.18	31.42	38.25	44.36	49.88	54.72
17	40.75	51.25	59.84	65.72	73.85	79.48
18	40.27	50.65	59.18	65.15	72.92	78.85
19	18.05	26.75	32.24	39.82	45.58	50.45
20	24.32	34.53	40.58	45.25	52.28	57.45
21	23.75	34.26	41.35	46.48	53.65	59.16

如图 8-11 所示，在不均衡比例为 10∶1 时，GOGAN 对 21 种故障的诊断效果均优于其他五种故障诊断方法。

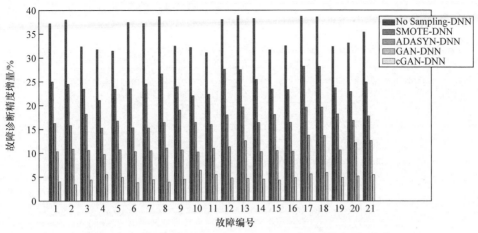

图 8-11　不均衡比例为 10 : 1 时 21 种故障的诊断精度增量

8.5　本　章　小　结

针对深度学习方法无法很好地解决数据不均衡情况下的故障诊断问题，本章提出一种基于全局优化 GAN 的非均衡数据故障诊断方法。为了验证所提方法的有效性，本章还设计了滚动轴承数据和 TE 过程数据的实验，通过设计不同不均衡比例的实验场景，验证本章提出方法的有效性。实验结果表明，GOGAN 可以显著提高不均衡类故障的诊断精度。

参 考 文 献

[1] Zhou F N, Yang S, Fujita H, et al. Deep learning fault diagnosis method based on global optimization for unbalanced data. Knowledge Based Systems, 2020, 187: 104837.

[2] 杨帅. 基于数据生成模型的故障诊断与 RUL 预测方法研究. 开封: 河南大学, 2018.

[3] Bearing data Centre, Case Western Reserve University. Cleveland, Ohio. http://csegroups.case.edu/bearingdatacenter/home[2018-01-15].

[4] Washington University. Tennessee-Eastman Process Data Set. http://brahms.scs.uiuc.edu[2016-11-10].